U0241107

乡村振兴探索丛书
丛书主编 温铁军
潘家恩

全国高校出版社主题出版 | 重庆市出版专项资金资助项目
西南大学创新研究2035先导计划资助项目

可持续农业：案例与经验

郝冠辉 彭月丽 主编

西南大学出版社
SWUP 国家一级出版社 全国百佳图书出版单位

图书在版编目(CIP)数据

可持续农业：案例与经验 / 郝冠辉，彭月丽主编
. -- 重庆：西南大学出版社，2023.1
(乡村振兴探索丛书)
ISBN 978-7-5697-1459-3

Ⅰ. ①可… Ⅱ. ①郝… ②彭… Ⅲ. ①可持续农业—
研究—中国 Ⅳ. ①S-0

中国版本图书馆CIP数据核字(2022)第186786号

可持续农业:案例与经验

KECHIXU NOGNYE:ANLI YU JINGYAN

主　　编:郝冠辉　彭月丽

出 品 人: 张发钧
策划组稿: 卢渝宁　黄　璜　黄丽玉
责任编辑: 尹清强　万珊珊
责任校对: 曹园妹
排　　版: 张　祥
装帧设计: 观止堂_未　氓
出版发行: 西南大学出版社(原西南师范大学出版社)
地址:重庆市北碚区天生路2号　邮编:400715
经　　销: 新华书店
印　　刷: 重庆正文印务有限公司
成品尺寸: 170 mm×240 mm
印　　张: 18.25
字　　数: 280千字
版　　次: 2023年1月第1版
印　　次: 2025年2月第2次印刷
书　　号: ISBN 978-7-5697-1459-3

定　　价: 88.00元

总　序

温铁军*

人们应该知道乡村振兴之战略意义实非仅在振兴乡村，而是在中央确立的底线思维的指导下，打造我国“应对全球化挑战的压舱石”。

2022年中央一号文件指出：“当前，全球新冠肺炎疫情仍在蔓延，世界经济复苏脆弱，气候变化挑战突出，我国经济社会发展各项任务极为繁重艰巨。党中央认为，从容应对百年变局和世纪疫情，推动经济社会平稳健康发展，必须着眼国家重大战略需要，稳住农业基本盘、做好‘三农’工作，接续全面推进乡村振兴，确保农业稳产增产、农民稳步增收、农村稳定安宁。”

为此，应把“三农”工作放入我国的新发展阶段、新发展理念、新发展格局中来解构。“三新”这个词，可能大家很少深入去思考，我们简单回顾一下。2021年1月11日，习近平在省部级主要领导干部学习贯彻党的十九届五中全会精神专题研讨班开班式上发表重要讲话强调：进入新发展阶段、贯彻新发展理念、构建新发展格局，是由我国经济社会发展的理论逻辑、历史逻辑、现实逻辑决定的。这是新时期全面推进乡村振兴的指导思想。

就“三农”工作来说，当前要遵照2020年党的十九届五中全会确立的国内大循环战略，“两山论”生态化战略，城乡融合发展战略。

我在调研过程中发现，很多地方在稳住“三农”工作时没能很好地学习和贯彻“三新”战略，还在坚持以工业化和城市化为主的旧格局，以至于很多矛盾不能很好解决。

---

* 西南大学乡村振兴战略研究院（中国乡村建设学院）首席专家、教授。

新发展理念和旧的理念有很大不同，比如，现在我们面对的外部的不确定性，其实主要是全球化带来的巨大挑战。而全球化挑战最主要的矛盾就是全球资本过剩，这主要是近20年来，西方主要国家增发大量货币，导致大宗商品市场价格显著上涨，迫使中国这样“大进大出”的以外向型经济为主的国家多次遭遇“输入型通胀”。这些发达国家对外转嫁危机制造出来的外部不确定性，靠其国内的宏观调控无法有效应对。面对全球资本过剩这种历史上前所未有的重大挑战，我国提出以国内大循环为主体、国内国际双循环相互促进的主张。

因此，要贯彻落实2022年中央一号文件精神，就要把握好“稳”的基本原则，守住守好“两条底线”（粮食安全和不发生规模性返贫），坚持在“三新”战略下推进乡村全面振兴，打造应对全球危机的“压舱石”。

此外，在2000年以后世界气候暖化速度明显加快的挑战下，中国已经做出发展理念和战略上的调整。

中央早在2003年提出“科学发展观”的时候就已经明确不再以单纯追求GDP为发展目标，2006年提出资源节约、环境友好的“两型经济”目标，2007年进一步提出生态文明发展理念，2012年将大力推进生态文明建设确立为国家发展战略。“绿水青山就是金山银山”的“两山”理念在福建和浙江相继提出。2016年，习近平总书记增加了“冰天雪地也是金山银山”的论述。2018年5月，习近平生态文明思想正式确立。在理论上，意味着新时代生态文明战略下的新经济内在所要求的生产力要素得到了极大拓展，意味着新发展阶段中国经济结构发生了重要变化。

2005年，中央在确立新农村建设战略时已经强调过“县域经济”，2020年党的十九届五中全会强化乡村振兴战略时再度强调的“把产业留在县域”和县乡村三级的规划整合，也可以叫新型县域生态经济；主要的发展方向就是把以往粗放数量型增长改为县域生态经济的质量效益型增长，让农民能够分享县域产业的收益。

新发展阶段对应城乡融合新格局，内生性地带动两个新经济作为“市民下乡与农民联合创业”的引领：一个是数字经济，一个是生态经济。这与过去偏重于产业经济和金融经济这两个资本经济下乡占有资源的方式有相当大的差别。

中国100多年来追求的发展内涵，主要是产业资本扩张，也就是发展产业经济。21世纪之后进入金融资本扩张时代，特别是到21世纪第二个十年，中国进入的是金融资本全球化时代。但是，在这个阶段遭遇2008年华尔街金融海啸派生的“输入型通胀”和2014年以金砖国家为主的外部需求下滑派生的“输入型通缩”，客观上造成国内两次生产过剩，导致大批企业注销、工人失业，矛盾爆发得比较尖锐。同期，一方面，加入国际金融竞争客观上构成与美元资本集团的对抗性冲突；另一方面，在国内某种程度上出现金融过剩和社会矛盾问题。

由此，中央不断做出调整：2012年确立生态文明战略转型之后，2015年出台“工业供给侧结构性改革”，2017年提出“农业供给侧结构性改革”，2019年强调“金融供给侧结构性改革”，并且要求金融不能脱实向虚，必须服务实体经济。例如，中国农业银行必须以服务“三农”为唯一宗旨；再如，2020年要求金融系统向实体经济让利1.5万亿元。总之，中央制定“逆周期”政策，要求金融业必须服务实体经济且以政治手段勒住金融资本异化实体的趋势。

与此同时，中央抓紧做新经济转型，一方面是客观上已经初步形成的数字经济，另一方面则是正在开始形成的生态经济。如果数字经济和生态经济这两个转型能够成功，中国就能够回避资本主义在人类历史两三百年的时间里从产业资本异化社会到金融资本异化实体这样的一般演化规律所带来的对人类可持续发展的严重挑战。

进一步说，立足国内大循环为主体的新阶段，则是需要开拓城乡融合带动的数字化生态化的新格局。乡村振兴是中国改变以往发展模式，向新经济转型的重要载体。因此，《中华人民共和国国民经济和社会发展第十四个五年规划和2035年远景目标纲要》指出，要坚持把解决好“三农”问题作为全党工作的重中之重，走中国特色社会主义乡村振兴道路。

为什么强调“走中国特色社会主义”的乡村振兴道路?

因为，在工业化发展阶段，产业资本高度同构，要求数据信息必须是标准化的，以实现可集成和大规模传输，这当然不是传统农村和一般发展中国家能够应对的。并且，产业资本派生的文化教育体现产业资本内在要求，是机械化的单一大规模量产的产业方式。被资本化教育体制重新塑造的人力资本如果不敷用，则改用机器人替代……

中国特色社会主义与其最大的区别是，虽然产业资本总量和金融资本总量世界第一，但在发展方向上促成了乡村振兴与生态文明战略直接结合，对金融资本则严禁异化，不仅要求服务实体，而且必须服务于现阶段的生态文明和乡村振兴等生态经济，这就不是单一地提高农业产业化的产出量和价值量，而是包括立体循环、生态环保，以及文化体验、教育传承等多种业态。因此，乡村振兴不能按照资本主义国家农业现代化要求制定中国农业现代化标准，而是要按照建设“人与自然和谐共生”的现代化，形成中国特色社会主义乡村振兴的生态化指标体系。

近年来，党中央提出建设“懂农业、爱农村、爱农民”的“三农”工作队伍并指出“实践是理论之源”，多次强调国情自觉与“四个自信”。回到历史，中国百年乡村建设为新时代乡村振兴战略积累了厚重的历史经验。20世纪20至40年代，中国近代史上具有海内外广泛影响的乡村建设代表性人物卢作孚、梁漱溟、晏阳初、陶行知等汇聚重庆北碚，使北碚成为民国乡村建设的集大成之地，而西南大学则拥有全国高校中最为全面且独特的乡村建设历史资源。

为继承并发扬乡村建设“理论紧密联系实际”的优秀传统，紧扣党中央关于乡村振兴和生态文明的战略部署，结合当代乡村建设在全国范围内逾20年的实践探索与前沿经验，我们在西南大学出版社的大力支持下，特邀相关领域研究者与实践者共同编写本丛书，对乡村建设的一线实践进行整理与总结,希望充分依托实际案例,宏观微观相结合,以新视野和新思维探寻乡村振兴的鲜活经验,推进社会各界对新形势下的乡村振兴产生更为立体全面的认识。同时,也希望该丛书可以雅俗共赏,理论视野和实践经验兼顾,为从事乡村振兴的基层干部、返乡青年、农民带头人提供经验参考与现实启示。

理论是灰色的,生命之树常青!

是为序。

可持续的农业　可持续的乡村

郝冠辉

我的童年是在乡村度过的，那是一段幸福而美好的时光。

我多次在演讲中提到过这段时光，也试图弄明白这种幸福感来自何处。

也许是刚刚分田到户带来的种田积极性的大幅度提高，以及温饱问题得到解决，农村有一种生机勃勃的朝气。

也许是"绿色革命"还没有到来，农村的生态环境还没有被破坏。

也许是工业化养殖还没有严重冲击到乡村，小农家庭循环的养殖业还没有被摧毁，农村还是一片鸡犬相闻的景象，小孩子的成长中还可以与这些动物朝夕相伴。

也许是社会化大分工还没有这么完善，农村的老人们还能够打理自己的菜园，实现自己的价值。

……

从物质的角度来看，现在的农村比我小时候的农村要富裕得多。然而却失去了一种与自然和谐相融的生活方式的存在。

机械化和农药化肥，大大减轻了农民在田间的劳动时间。然而空闲出来的时间，大家只是聚在一起打牌。社会化分工下，大家也基本不会再搞家庭养殖。随之而来的是大量的垃圾食品涌入乡村，各种颜色的塑料袋被扔得到处都是。

……

几年前，我读到一本书，是法国人类学家孟德拉斯写的《农民的终结》。该

书描述了法国南部农村,杂交玉米代替传统玉米种植之后给农民的生活带来的深远的影响:

在传统玉米种植中,农民自己是专家,拥有玉米种植的全部知识和技能,知道如何在大自然的变化中做出应对。而换成杂交玉米之后,农民不再拥有这些知识和技能,农民只是变成了工业化农业流水线上的工人,由专家告诉他们什么时候播种、什么时候施肥、什么时候打药,施什么肥、打什么药……

从更深远意义上来讲,“绿色革命”摧毁的不仅仅是原有的种植体系,更是小农这种生活方式的存在。

这种生活方式的瓦解,以及瓦解带来的文化空虚,是今天的乡村再也没有了原来的幸福感的一个重要原因。

也正是因为看到这个,从2014年开始,沃土可持续农业发展中心成立之初,我们的目标并不是再去宣扬某种“高科技”的或者“高大上”的农业技术,而是希望能够成为技术和实践者之间的桥梁。第一,把科研机构研究的某些可持续农业技术,变成方便农友们去使用的实践方式。第二,积极挖掘民间的可持续农业技术,使这些“遗珠”能够在这个时代重新焕发光彩。

更重要的是,我们希望这些技术是通俗易懂的,能够被广大农友所掌握,变成他们自己的知识。这是《可持续农业》杂志推出的初衷。

但是,把技术讲得通俗易懂,比故弄玄虚更为困难,所以,我一直认为,我们做得还不够完美,希望广大农友在阅读时也提出宝贵的意见和建议。2018年,我自己也回到广东中山的一个小山村,运营着一个小小的农场,因为我觉得,重建一种生活方式,是比单纯实践一门技术更加重要,也更加艰难的事情。

谨以此文,与大家共勉。

生态农业及其在我国的发展

骆世明

人类进入农业社会最初的动力是在波动和不稳定的自然环境中，通过人为干预自然过程，开展种植与养殖，获得可靠的食物供应。因此，食物供应一直是传统农业最重要的目标。20世纪六七十年代，我国农产品的商品率仍然很低，我国农业处于传统农业阶段。当社会开始工业化之后，市场逐步发育成熟，生产资料如化肥、农药、劳力、种子的购买要通过市场，农产品的销售要通过市场。这时，盈利成为农业企业、农场甚至个体农户正常运转的重要前提，经济效益逐步成为工业化社会农业的重要目标。第二次世界大战之后，由于工业野蛮扩张，到了20世纪60年代，世界工业化国家的资源、环境、生态问题越来越严重，因此经历了一个环境意识觉醒的阶段。1972年在斯德哥尔摩举行了首次联合国人类环境大会，以后每10年都召开一次相关会议。联合国粮农组织1991年在荷兰召开了"农业与环境国际会议"，从而在世界范围正式启动了农业可持续发展行动。从此农业的资源、生态与环境效益成为各国农业追求的重要指标。从农业发展历程可以看到，综合平衡农业的社会效益、经济效益与生态效益，或者说协调农业的生产、生态、生活功能，已经成为当今社会的共识和农业发展的大趋势。

今天人们非常清晰地认识到，农业生态系统与自然生态系统一样，能够服务于人类利益的远远不仅是提供产品，而且是能够稳定人们生活的环境，能够为人们需要的资源和生态基础提供支撑，以及能够对科学研究、教育美学、精神文化产生很深远的影响。这些生态系统能够为人类利益提供的所有产品与服务,统称“生态系统服务”。基于这个认识,世界很多国家/地区先后实施了农业的生态转型。例如:欧盟1992年开始提出发展“多功能农业”,日本也在1992年开始推行“环境保全性农业”,韩国1998年开始转向“环境友好型农业”,美国1999年实施基于资源环境的农业“最佳管理措施”。农业的生态转型在中国称为“生态农业”。

事实上,生态农业这个术语在国外也用。例如:1981年英国Sussex大学的M. K. Worthington经过对欧洲的调查和自己的实践后在*Agriculture and Environment*上发表了自己对生态农业(ecological agriculture)的认识,他定义生态农业为:建立和管理生态上能够自我维持,低输入,经济上有生命力,目标是在环境、伦理、审美方面不出现长远和重大的不可接受变化的小型农业。1980年我国四川农业大学的叶谦吉教授也独立地提出了生态农业的概念:“生态农业是一个有机统一整体,一个多目标、多功能、多成分、多层次,组合合理、结构有序、开放循环、内外交流、关系协调、协同发展,具动态平衡的巨大生态系统,一个开放的、非平衡有序结构的生态经济系统,一个不同于传统农业而又有中国特点的现代生态经济系统。”之后,我国不同的学者提出了各种不同的定义和概念。今天我们可以用一个比较简洁的方式表达对生态农业概念的理解:生态农业就是一种积极采用生态友好方法,全面发挥农业生态系统服务功能,促进可持续发展的农业方式。生态农业是我国农业生态转型发展的方向。“生态友好方法”是指尊重自然、保护自然、顺应自然、效法自然的农业模式与技术体系,而不是无视自然、对抗自然、破坏自然的行为方式。我国生态农业没有限定经营规模和对化肥农药的绝对禁止,因此相对于国际上的认识,我国对生态农业的理解具有更强的包容性。

我们通常还会遇到循环农业、低碳农业、农业清洁生产、有机农业、自然农业、气候智慧型农业等概念。其实这些概念无一例外地都把农业的生态环境效益纳入农业的指标,而且注重使用不粗暴对待自然过程的一些农业方法,因此都属于生态农业范畴。这些概念的差异仅仅在于强调解决的重点不同,或者采用方法的门槛不同。例如循环农业强调通过农业循环体系构建,减少对资源的依赖和对环境的污染。低碳农业则强调减少农业碳排放,增加农业碳封存能力,使用的方法与生态农业基本一致。农业清洁生产的概念是对于农业污染的末端治理来说的,希望通过改变农业的投入品和生产方式,从源头上而不是从末端来解决农业污染问题。显然清洁生产就需要用到生态农业方法。有机农业和自然农业限定了农业不使用工业生产的化学品和人工转基因生物,更为强调尊重自然过程和顺应自然规律,所以没有脱离生态农业的基本范畴。值得指出的是,近年来联合国粮农组织和欧盟等都越来越多使用"agro-ecology"来描述农业生态转型的发展方向,其定义为"运用生态学概念和原理设计和管理可持续食物体系的一个学科"。这个概念在实际使用中,包括了学科层面、实践层面和管理层面,agroecology在学科层面称"农业生态学",在实践和管理层面基本上等同于中国的"生态农业"。

正是由于生态农业对农业生态转型各个类型的包容性,因此也带来了一个问题,就是生态农业如果涉及市场化与政府补贴之类的行动的时候,缺乏可操作性。为此,日本在实施"生态农户"和"生态产品"认证的时候,只要求化学肥料和化学合成农药减少30%—50%。如果减少量超过50%,将被认定为"特别栽培农产品"。100%不用化学肥料和化学合成农药的则称为"有机农产品"。韩国则把化学肥料使用量减少达三分之一以上,并且不使用合成农药的农产品认证为"无农药农产品",农药残留为标准一半及以下的则认证为"低农药农产品"。生态农业及其产品的认证标准是目前我国生态农业发展中需要解决的问题之一。

生态农业与工业化农业最大的不同是视角的差异,生态农业认识到农业生物及其环境是一个通过物质能量联系起来的农业生态系统,其输入和输出对自然资源、社会资源、生态环境、产品市场构成多重影响。生态农业采用的方法是建立在对农业生态系统整体关联的认识基础之上的:在生物的个体、种群和群落层面,重视生物多样性和生物多种关系在农业中的运用;在生态系统层面,重视能量和物质的多层次利用及循环体系建设;在生态景观和区域层面,重视景观设计和区域规划;在农业生态系统的资源输入方面,特别重视资源节约、资源替代、资源增值措施;在农业生态系统的输出方面,一方面特别重视安全食物的产出,另一方面尽量减少农业污染物排放。

生态农业使用的主要方法归纳起来有如下几种:

农业生物多样性利用 生物多样性包括遗传基因多样性、物种多样性、生态系统与景观多样性几个层面。因此农业生物多样性利用包括:(1)多样性农家品种的保护与高品质、高抗性、高产量基因的筛选、鉴定与利用,同一作物不同基因背景的多个品种的间种、混种、轮种等。(2)不同植物与家畜品种的轮间套种,包括水旱轮作、养地作物与耗地作物轮作、高低作物间作、林农立体模式、果草间作模式、草原轮牧模式、鱼塘立体放养模式等。(3)动物与植物的混合种养模式,如稻田养鸭、稻田养鱼、果园放鸡等。(4)有害生物的生物防治,如有益微生物利用、天敌利用、植物化感作用利用等。(5)生态系统与景观多样性模式。

农业循环体系构建 可以建立以下几种模式:(1)农田内部的秸秆回田模式。(2)农牧结合模式,包括通过堆肥、沼气、生产蘑菇、养殖蚯蚓或面包虫、有机无机复合肥生产等途径使动物粪便最终回到农田,也可以通过专门饲料作物生产、作物秸秆利用、剩菜利用等方式把植物生产与动物生产联系起来。(3)生活与生产有机废物循环,例如城乡厨余垃圾、食品加工厂副产物、城市污泥等的农业利用。(4)碳的循环利用,包括多年生植被的碳封存、生物碳利用等。农业循环体系可以在农业经营单位内完成,也可以在企业间完成,甚至可以通过商业途径在一个区域内完成。考虑到运输成本,农业循环体系的运输半径不宜太大。

景观设计与区域规划 景观方面需要进行农业流域的布局规划,农田作物的镶嵌布局,田埂和田边的有花植物带与蜜源植物带、农田防护林网、水平植物篱、河道植物缓冲带、村落绿化林、防风沙绿化带、沿海防护林带的规划与设置,道路绿化与乡村美化等。区域规划应当考虑区域水保林的产水量与区域总体用水量的平衡,草原载畜量与实际养畜量平衡,农区与工矿区、居民区、交通道路在地形、风向、水流、经济区位等方面的相互关系。

资源节约、替代与增值技术　节肥的测土配方施肥技术，节药的有害生物综合防治技术，节水的水肥一体化技术、滴管技术、覆膜技术，能源替代的风能、太阳能、生物质能等再生能源利用技术，替代化肥的有机肥制作和使用技术，资源增值的河流水产资源增值放流技术、植树造林技术、土壤肥力增强技术等都属于这一类。

污染控制与处理技术　固体废物方面的农膜回收利用技术，污水方面的人工湿地技术与生态沟技术，大气污染方面的秸秆焚烧控制和养猪场气味扩散控制技术等都属于这一类。

一般来说，生态农业模式中，涉及看得见、摸得着的、比较稳定的，涉及农业生态系统结构调整的属于硬件。相应的，推动硬件运转的各项相互关联的技术措施就称为生态农业技术体系，属于软件。

由于中国传统农业有数千年的历史，传统农业和当今农村都蕴藏着不少非常值得借鉴的经验，如稻田养鱼、桑基鱼塘、种养结合、用地养地、轮间套作等模式与技术体系。为此国际粮农组织还组织了世界重要农业文化遗产评选和保护工作，我国也开展了中国重要农业文化遗产整理保护工作。如何在新的社会经济条件下让传统农业的经验发扬光大，推动生态农业发展，是非常值得重视的一个方向。

我国生态农业实践在20世纪80年代和90年代经历了第一个高峰期。这个时期是我国大量探索优秀的生态农业模式与技术体系的时期，农业部也推进了100个生态农业示范县的工作。可以说这个时期是思想领先、研究探索为主的阶段。

到了2010年，特别是2013年之后，我国生态农业迎来了第二个高峰期，这个时期明显的特征是需求推动。这一时期农业的资源约束加剧、生态退化明显、环境污染严重，市场供求关系急速改变。这一时期也是社会对食品安全、环境质量、生活美化更加关切的阶段。为此，近几年国家发布的正式文件中密集强调推动农业转型，要求农业走绿色发展道路。农业的发展方向明确为资源节约型、环境友好型和生态保育型。农业的发展方向与国家的绿色发展、循环发展、低碳发展理念相契合,与生态文明建设相一致。在这个大背景下,我国生态农业在政府倡导和项目引领下,有了更多的民间自觉探索与主动创新。与生态农业相关的产品市场认可度越来越高,得到了消费者的青睐。

然而目前我国生态农业的发展还仅仅是开始,促进生态农业建设的制度构建仍落后于需求不少。因为生态农业把生态环境列入农业的目标,而生态环境的效益和价值不是都能够在市场上体现的,因而需要政府采取鼓励措施,在经济上实施生态补偿。另外,危害资源与生态环境的农业行为,也需要社会与政府进行强有力的监管与惩戒。为此,我国急需制定促进生态农业建设的制度:(1)制定适合各地农业行为的红色清单和绿色清单,建立低成本的监督核查制度,完善相应的惩罚和奖励措施。(2)建立生态农业认证制度和标签制度,开辟差异化市场,让生态环境效益尽量多地在市场上获得回报。

循环是大自然的法则

循环是大自然的法则

郝冠辉

森林里的树木，从来没有人施肥，却能够长得高大而茂密。到自然里去观察，可以看到森林下面厚厚的腐殖质土。树木的落叶落到地上，各种动物的粪便也拉到地面，混合在一起，日积月累就变成厚厚的腐殖质土。叶落归根，回到土地，重新滋养曾经生长它的大树。这就是大自然的循环。

中国的农民很早就发现了这个规律，所以几千年来，农夫们最重要的工作就是尽可能地让一切的废弃物还田。《四千年农夫》一书写道：在远东地区，每一种可以食用的东西都被认为是人类或者畜禽的食物。而不能吃或者不能穿的东西则被用来做燃料。各种有机垃圾混合在一起，人类的和动物的粪便都被细致地保存下来，在使用之前再将它们粉碎并烘干作为肥料。

记得小时候，也就是大约30年前，我的家里仍然养有耕牛，用耕牛来耕田，而耕牛吃的就是用铡刀铡碎的秸秆。本来非常难以分解的秸秆，被牛消化后就变成最好的肥料。而家中的厨余，磨面粉的麸皮，等等这些都拿来喂猪，猪粪也是重要的肥料来源。在以有机肥作为主要农田肥料的年代，动物粪便是被农夫们视为宝贝的。早上起来，乡村的道路上，常常可以看到拾粪的老人和孩子。

然而随着农业的机械化、化学化以及养殖的工业化，这种维持了几千年的平衡在最近的20年间近乎销声匿迹了。

先是机械化导致了耕牛的消失，本来作为耕牛饲料的秸秆一下子成了废物，焚烧秸秆变成了一种严重的污染。

养殖的工业化进一步造成家庭养殖业衰败。记得在我上初中的时候村里出现了第一个养殖饲料鸡的专业户,慢慢大家发现,买饲料养殖的鸡来吃,竟然比自己养殖还划算。随之而来的是我的母亲发现,用麸皮、玉米养殖了一年的土猪,只能和养殖场养了几个月的猪卖一样价钱,不如直接把麸皮、玉米卖掉来得划算。慢慢地家里的猪圈也空了下来。本来作为农家肥的猪粪也就没有了。而很多工业化养殖的动物粪便,却未经处理排放到环境中成为一种严重的污染物。

不过之所以能够这样,也是因为在化肥开始普及的情况下,农家肥的地位慢慢变得越来越不重要,加上大量的农村劳动力外出打工,在农村缺乏劳动力的情况下,化肥、除草剂、农药变成必然的选择。

各种问题也随之出现,因为农药、化肥、除草剂大量使用造成的生态失衡和环境污染问题越来越严重,因为土壤缺少矿物质造成的健康问题也越来越严重,因为农药残留造成的食品安全问题也越来越严重。

人本来就是大自然的一部分,我们在自然的规律里面,又试图违背自然的规律,最终的结果可想而知。

所以,实践可持续的循环农业就是要重新回到大自然的规律里面。这是大自然的召唤,也是回归自然的道路。

银林生态农场的循环系统

——“猪-沼-菜”及农场的土壤管理与作物的合理配置

郭　锐[①]

导读：银林生态农场是比较典型的种养循环型农场，建立“猪-沼-菜”循环，即养殖产生的粪便废弃物经过处理变成无害的有机肥，满足蔬菜的营养需求。蔬菜生产过程中的尾菜又可以作为猪的饲料，减少污染和浪费，实现更大的综合效益。

一、农场生态循环简介

银林生态农场位于广州市从化区太平镇银林村，是由一群有共同生态环保理念的年轻人创办的CSA（社区支持农业）农场。广州市从化区地处低纬度地带，属亚热带季风气候，气候温和，雨量充沛。全年平均气温偏低，阶段性高温天气过程明显；年头年尾均受强冷空气或寒潮影响，区内有不同程度的低温霜（冰）冻天气过程出现。年平均气温21.2 ℃，最高气温36.7 ℃，最低气温-1.6 ℃；平均年降水量1951.9毫米；平均年日照1410小时。

农场从2013年开始停止使用任何化肥、农药，转向生态种植。农场由种植、养殖和餐厅三块业务组成，以生态循环、种养结合的生产模式为指导，养殖

① 作者简介：郭锐，毕业于华南农业大学，热爱农业，喜欢田园生活。2008年正式返乡创办银林生态农场，2013年正式转向生态种植。

鸡、鸭、鹅、猪、鱼等各种动物,种植生态蔬菜、水果、水稻等作物,以沼气池和堆肥为纽带,实现种植和养殖之间资源循环利用,生产优质健康的生态农产品,另外加入餐厅这一元素,使得资源得到更高效的利用。(见图1-1)

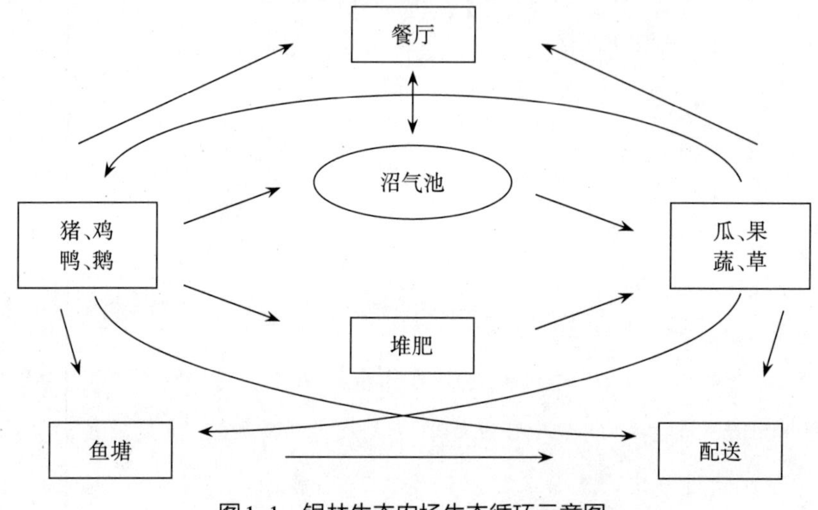

图1-1　银林生态农场生态循环示意图

农场主要向外输出各种蔬菜及猪肉产品,投入品包括两部分:一是养猪的部分饲料,如玉米粉、麦麸、米糠、花生麸等;二是作为堆肥原料的中药渣和羊粪。

二、农场“猪-沼-菜”系统介绍

银林生态农场当前养猪存栏量约120头,蔬菜种植面积为15亩,沼液池总体积约25方。农场养猪以放养为主,配有约2亩的运动场地,故部分猪粪不能收集,目前只收集母猪、小猪和成年猪在猪舍内的粪便,干捡粪做堆肥,碎猪粪及尿液等冲洗进沼液池,一天大约2立方粪水,配套沼气池2个,发酵池一靠近猪舍,体积8方,造价3000多元,作为生粪水第一次发酵之用,入粪方便;发酵池二,体积15方左右,造价5000多元,用作第二次发酵,靠近河边,方便取水稀释沼液。发酵池一发酵1~2周后转到发酵池二,添加花生麸再次发酵,1~2周后引到喷灌系统喷灌。其中发酵池一的沼气收集后用于厨房。发酵池二的沼气没有收集。当前规模下，每年沼液产量约500方。另有两个小池，体积均为2方，作为厕所化粪贮液池，满后抽入沼液池（一个进发酵池一，一个进发酵池二）。

判断沼液是否发酵完成：感官上，无刺激性气味，以气泡产生的密度由大变小且数量很少来判断沼液发酵已经完成。银林农场沼液发酵时间，冬天一般20多天，夏天15天左右。也会根据蔬菜的营养需求而调整沼液灌溉时间，沼液的具体发酵时间会延长或缩短。

沼液的使用：当前沼液主要用于蔬菜浇灌，使用时间根据作物长势与需肥规律而定。一般情况下，蔬菜平均半个月用一次，冬天用的次数多，夏天用的少（本地气候冬天干旱，夏天雨多）。干旱时需要浇的次数稍多，浇完之后需要晴3天以上，否则容易造成蔬菜根部营养过剩，出现烂根或病害。

系统循环效果：农场约120头猪的饲料主要分为精饲料和青饲料，精饲料主要包括玉米粉、麦麸、米糠、花生麸，需要外购，是当前养殖过程中的最大成本，约占总成本的六成（人工成本占三成），每月采购饲料成本约为9000元；青饲料主要来自农场系统内菜叶、杂草等，不同阶段占饲料总量的5%~15%。猪养殖周期约为14个月。当前沼液和猪粪堆肥的量全部用到15亩蔬菜种植上，基本全部消纳。全年蔬菜产量约为3万斤。

三、农场土壤与水肥系统观察

1.农场土壤背景情况

农场全部蔬菜种植区域的土壤，根据种植习惯和本地自然形成田块田垄，共分为33个区域。其中，除个别田块土壤呈现中性外，大多属于弱酸性土。土壤背景含砂石较多，有机质含量较低，土壤质地类型较多，从砂土至黏土均有。

根据各田块土壤地势、土壤质地和肥力状况，结合种植蔬菜种类与长势，将33块农田分成较好、一般、洼地和贫瘠四种情况，各类型土壤面积与占比如

图1-2所示。总体而言,银林生态农场土壤肥力一般,砂石较多。自农场生态种植以来,重视土壤改良型堆肥的使用,如中药渣堆肥与木屑堆肥等。经过四年的改良,有些地块的土壤耕层竟然可以一根竹竿轻松插入90厘米深,土壤团粒结构越来越丰富。与四年前土壤检测的结果相比,土壤微量元素含量明显增加。

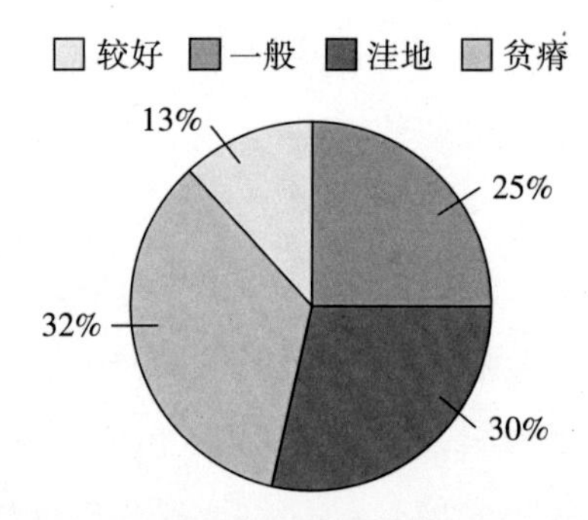

图1-2　银林生态农场土壤分级比例

2.农场土壤利用现状与改良思路

银林生态农场着重传承本地农业种植智慧,因地制宜,适土适种。低洼地主要种植水稻、茭白、荸荠,结合放养鸭子;一般和较好的农田因土质不同而种植不同的蔬菜,如砂质土种植根茎类蔬菜,保肥性较好的黏土地种植叶菜类蔬菜;果园基本保持了原有树种和地貌,林下还可以养鹅养鸡等。

针对土壤砂石多、有机质含量较低的背景情况,农场制定了以土壤改良型堆肥为主,结合营养型有机肥施肥的土壤改良思路。有机肥的用量与比例也会因地制宜,因种植作物需肥规律而变化。如贫瘠的土壤种植需肥量较少的作物,土壤改良型堆肥用量是一般田块的2倍以上,速效性有机肥几乎不使用,或者在旱季使用。而土壤有机质含量较高、肥力较好的田块则种植需肥量较大的作物,减少土壤改良型堆肥的比例,增加速效性有机肥的比例。

3.农场的土壤改良材料

银林生态农场为种养循环型农场,农场养猪,猪粪用来堆肥,猪尿液和冲圈水做沼液。农场土壤改良的主要资材一部分是农场系统内的猪粪与沼液,另一部分是农场合作养殖户的羊粪,以及外购的中药渣、木屑。

具体情况如下：

（1）土壤改良型堆肥：中药渣来自邻镇的中药厂，中药厂负责送到农场，一车700元运费，约有7吨。中药渣发酵堆肥后用于土壤改良，使用量1～5吨/亩，根据土壤肥力和作物种类而有所不同。使用方法：一是结合播种前翻地，翻入土壤混匀；二是结合拔草后的有机物覆盖，或追肥使用。

（2）营养型堆肥：猪粪、羊粪堆肥，猪粪来自农场内部羊粪来自农场合作养殖户，300元/吨。猪粪要经过堆肥腐熟发酵后使用，发酵周期30~50天。羊粪直接使用，根据情况也可短期堆腐7~10天后使用。猪粪与羊粪，使用量1~3吨/亩，根据土壤肥力和作物种类而有所不同。使用方法，一是结合播种前翻地，翻入土壤混匀；二是结合拔草后的有机物覆盖，或追肥使用。

（3）速效性液体肥：沼液，原料主要是农场猪圈尿液、冲圈水，部分猪粪及花生麸。

表1-1　银林生态农场肥料使用名录

类别	pH	EC	使用量	备注
中药渣	7.8	0.2	1~5吨/亩	就近市场采购，只需要付运费
猪粪堆肥	7.3	0.8	1~3吨/亩	来自农场养殖系统
羊粪堆肥	8.5	3.7	1~3吨/亩	羊粪由合作养殖户提供，农场再自制堆肥
沼液	8	4.5	10~30吨/亩	来自农场养殖。因蔬菜长势、土质而适量浇灌

4.农场水系统

银林生态农场水源主要来自银林水库，水库水的来源是山泉水。农场内部依照地势和农田区块设置了四通八达的沟渠，方便排灌。因为农场所在地全年降雨量较大，雨季易发生涝害，排水系统就显得尤为重要。

雨季的时候在出水口还是能看到一些水土流失，对农场来讲也是资源损失。对此，一方面可以通过土壤改良，提升土壤腐殖质含量；另一方面也可以沿水渠流动方向种植水生作物等固定养分。

四、农场种植系统设计

1. 蔬菜种植种类与本地气候相适宜,适时、适土种植

(1)适时栽培。比如,青菜类尤其是十字花科蔬菜较易被虫为害,宜把这类蔬菜安排在较为干冷的冬季种植,虫害少,易管理;而在温度较高的雨季,则种植虫子不喜欢的茼蒿、莴苣等有特别气味的蔬菜,夏季主要种植耐高温的瓜果类蔬菜。

(2)适土栽培,主要指的是,根据土壤性质安排适宜的蔬菜。沙质土种植根茎类蔬菜,比较肥沃的黏土地就可以种植瓜果类蔬菜了。地势靠河的洼地,可以种植水稻、莲藕。

2. 遮光避雨栽培与棚架蔬菜种植相结合

有些蔬菜在高温高湿的雨季生长困难,通过搭棚架可以实现遮光降温栽培,或者通过避雨以减少病虫害的发生。而在有些季节这些棚架又要闲置,但也没必要拆掉,可以种植南瓜、丝瓜、苦瓜之类的蔓生作物,而由于这些作物爬架生长,棚架下则可以种植一些耐阴的蔬菜。

3. 蔬菜间作的智慧

农场间作,一般根据作物高矮、需肥特性等安排。比如荷兰豆与较矮的青菜类间作,番茄与小白菜间作等,充分利用土壤与立体空间,提高利用率,增加产量。间作还可以减少杂草滋生,减少地表裸露面积,保护土壤。如遇不可控病虫害或者霜冻等环境,某一种作物减产或者绝收的情况下,还能收获间作的蔬菜。

甘蔗前期生长较慢,先发蔬菜间种,蔬菜采收后,不影响甘蔗生长。小白菜相对于茄子前期生长较快,两者混种可以较快覆盖垄面,从而减少杂草发生,小白菜收获后,不影响茄子生长。小白菜是前期营养吸收型,茄子是中后期营养吸收型,两种蔬菜搭配,可以减少水土营养损失。

4. 蔬菜合理施肥

施肥要“看天、看地、看菜”。

(1)看天。对于速效性营养肥料(如沼液),施完如果恰好赶上阴雨天,作物生长减慢,不能吸收太多肥料,会造成肥料随雨水的流失,严重的还会引起沤根现象。浇灌完沼液要有三天的晴天。

(2)看地。对于有机质含量低的土壤,施肥要重视土壤改良型堆肥(比如中药渣、蔗渣、树皮堆肥等),提高土壤保肥保水能力;速效性营养液要少量多次施用,减少流失。

(3)看菜。果菜类蔬菜有机肥的施用会埋得相对较深,对于叶菜类蔬菜则要通过土壤表面施肥、覆盖或适期淋施的方法补充肥料。这是因为果菜类蔬菜根系较深,前期需要的营养较少。叶菜类蔬菜根系较浅,前期发根也不需要太多肥料,肥料多反而不利于发根,等发苗以后,在青菜旁边覆盖有机肥,营养逐渐补充供蔬菜根系吸收。在作物迅速生长期,需肥量较大,则淋灌沼液,果类蔬菜,则摘一批果,补一次肥。

五、农场主后记[①]

银林农场猪–沼–菜的种植模式在生产循环上是比较理想的一种模式,但在生产销售上的难度却比较大,因为猪的个体比较大,需要宰杀分割包装后再分部位销售,运输和销售难度是比较大的,对于没有稳定销售途径的农场来说比较难操作。而种菜的专业性和计划性比较强,如何将生产与销售更紧密地结合是需要丰富的生产销售经验的,所以从这两点来说,“猪–沼–菜”这种模式对新成立的农场来说是很难运营得比较好的,不建议新农场采用。

另外这种模式受政策变化的影响比较大。2017年广州地区开始禁养家禽家畜,农场的猪场被迫搬迁到清远地区,这种生产模式也就无法持续下去。

农场只能使用中药渣为主要原料制作堆肥,结果发现农场的土壤越来越好了。2018年我们抽取土壤样品去做了一次土壤元素的检测,对比2016年的土壤检测结果(见表1–2),发现钙、镁、锌、铁等元素变得更为丰富。

① 本文形成于2016年3月,几年过去了,银林生态农场也发生了一些变化,在本书出版之前,我们特别请农场主郭锐补充了对银林模式的观察和思考。

可见改良型堆肥较原来的猪羊粪堆肥对土壤的改良效果更为明显,这种改良不仅仅是营养元素的提升,更是土壤状况的改善。经过多年改良型堆肥的施用,土壤变得更加疏松,团粒结构也更加丰富,蔬菜品质明显提升,病虫害发生率也明显降低,年产量也由原来的3万多斤变成了5万多斤。农场的种植状况比"猪-沼-菜"模式明显改善。

从这些年的实践结果来看,生态蔬菜种植中起决定作用的不是生产模式,而是土壤改良。使用改良型堆肥把土壤改良好了,生态种植自然就变得简单、轻松且高效了。

表1-2　银林生态农场土壤元素检测数据对比

(单位:mg/kg)

年份	钙	镁	铜	锌	铁	有效硼	有效硅	有效锰
2016	651.6 (三级)	65.4 (四级)	3.3 (一级)	3.6 (二级)	40.1 (一级)	—	—	—
2018	2808.8 (一级)	261.8 (二级)	0.8 (三级)	10.62 (一级)	51.90 (一级)	2.33 (一级)	92.01 (三级)	7.86 (三级)

注:两个土壤样品均为20厘米内耕层土混合样。参考国家第二次土壤普查营养分级判断。

小结与讨论

从银林生态农场的循环模式可以看到很多农业生态系统要素关系的应用,比如种植和养殖相结合,就是植物种群和动物种群的互动,单独养殖会面临废弃物处理的困难和成本问题,单独种植也会面临肥料来源和成本问题,种养循环就可以实现双成本的降低。

在农场土壤水肥管理和作物种植上,也可以看到他们会考虑到各种环境因素对于作物生长的影响,适地适用,有很多巧妙的安排,比如低洼地种植水生植物,肥沃地块种植青菜,高秆蔬菜与低矮蔬菜间作,喜光与耐阴植物间作,喜温与耐寒作物间作等;植物和动物也可以融合在一起,如果园养鹅、养鸡,水田养鸭等;让条件有限的农田,以最小的改良成本实现最大的综合效益。所以，我们可以从认识农场不同地块土壤、地势等环境因素开始，对作物和农场动物的环境要素需求进行匹配，找到最好的群落搭配，发挥农场资源的最大效益和可持续性。

这就是生态农业的魅力，把农场内的植物、动物、微生物以及光、温、水、土壤、地形等都看作珍贵的资源，把农业生态系统的各要素作为一个整体，找到各个要素之间的关联点，然后在各生态位置和生产安排上给予对应的安排，让各要素和谐共处，共同繁荣。这背后的关键就是，以一种整体、联系的思维去看待农业，而不是分割、独立的思维。

另外，需要注意的是银林生态农场“猪–沼–菜”循环系统，是一个非常好的设计，但是具体参数还在不断改进中，尤其是猪的养殖规模与蔬菜种植面积的搭配。银林农场土壤砂砾多，“猪–沼–菜”循环系统中年产沼液近500方，供15亩蔬菜用，作物长势有肥料过多的表现。据测试，农场中一个种植番茄的大棚一年使用了5吨中药渣、3吨猪粪羊粪堆肥，番茄挂果以后约每周灌一次沼液。据测试，当前土壤电导率达到0.8 mS/cm，远高于农场大田蔬菜平均电导率0.1 mS/cm，有土壤盐渍化趋势，要减少速效肥料用量。文中参数根据不同情况都在变化，仅供参考。

“猪/鹅-菌-沼-果”果园生态循环系统

——四川悠汁有机农场案例

廖　钧[①]　彭月丽

导读:本篇介绍的是一个在果园实现生态系统要素互动循环的案例。悠汁有机农场在果园里养猪、养鹅、养蜜蜂,还在树下种蘑菇,他们实践的“猪/鹅-菌-沼-果”果园生态循环系统,是一个有效调动植物、动物、微生物三方活力的高产出系统的典范。

一、悠汁有机农场与“猪/鹅-菌-沼-果”生态循环系统简介

1.悠汁有机农场简介

农场位于四川省成都市双流区,2003年11月建园,2007年1月开始转型有机农业并申请有机农业认证,种植各品种柑橘、果冻橙(品牌为“悠汁品”)等,林下套种大豆、黑花生、菌菇,林下散养绿壳蛋鸡、四川白鹅,果园还养猪,次品果可以喂猪,猪粪便全部使用沼气池做无害化处理,沼液肥用于灌溉果木,实现农场种养循环,资源高效利用,保护环境,健康发展。

2.“猪/鹅-菌-沼-果”生态循环系统简介

悠汁农场主作物是果树,围绕果园,悠汁农场对生态系统结构进行了优化,

---

① 作者简介:廖钧,毕业于金融专业,曾任上海证券、深圳证券交易所职业经理人。2003年返回家乡,建立悠汁有机农场。彭月丽采访整理成文。

在空间利用上，增加了地表的生草种植与菌菇栽培；在养殖上，又增加了鸡、鹅、猪，鸡、鹅吃草，既可以控制草的高度与规模，又可以促进土壤物质循环，供给果树营养需求；猪可以吃掉果园不能作为商品的果子、杂草等，产生的猪粪进入沼气池发酵，通过灌溉系统既可以补充果树营养需求，又可以补充土壤物质元素。本系统的主要输入是猪、鸡、鹅的精饲料，包括麦麸、豆饼、花生麸等。

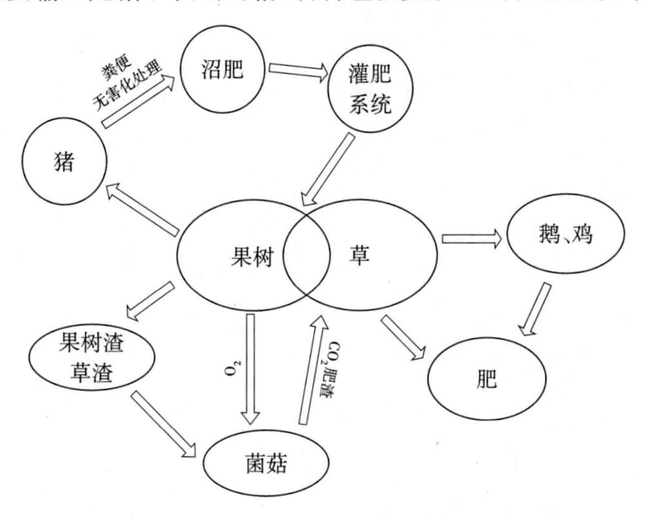

图1-3　“猪/鹅-菌-沼-果”生态循环系统

二、“猪/鹅-菌-沼-果”生态循环系统参数

悠汁农场的生态循环系统实际上包含三个系统，我们分别介绍一下。

1.解决果园主要肥源

该系统中果园为100亩，每年猪的存栏量为400~500头，猪粪尿以及冲圈水全部流入沼液池，根据沼液产出情况、天气情

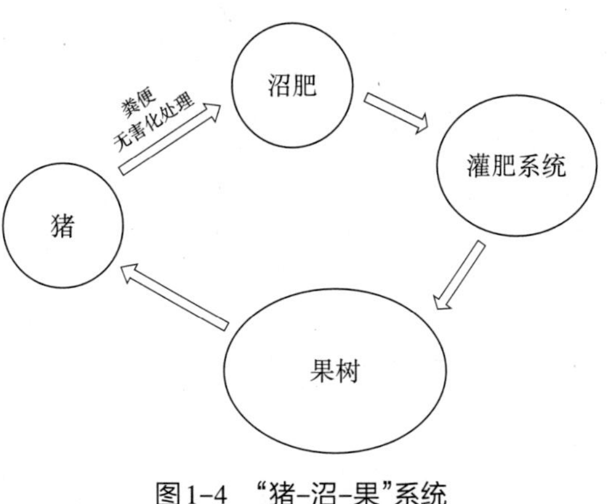

图1-4　“猪-沼-果”系统

况以及果树需肥时期确定灌溉沼液的量与灌溉时间,约合每年每亩果园使用沼液7000~8000斤。一般在果树坐果后灌溉1~2次,果树成熟前停止使用。

系统投入和产出:本系统的产出为果品和猪,投入为猪的精饲料部分。猪的饲料分为精饲料和青饲料两部分,青饲料来自果园内非商品果和杂草,每年猪的存栏量为400~500头,需要采购的精饲料为240~600吨,成本为2000元/头。猪的生长周期为12个月,出栏重量为220~260斤,产出果品约20吨,单位面积果品产量与常规相比低30%左右,但果品品质优良,又经过有机农产品认证,比同类常规农产品价格高出约50%。

2.杂草循环

果园生草栽培是生态种植中经常采取的一种管理措施,果园生草减少土地裸露,提高土壤利用率,且可以疏松土壤、增加土壤有机质和果园生物多样性,有利于生态平衡恢复,对果园小气候调整也有重要作用,能降低地面温度3~5℃,有效减少果园日灼果和高温休眠现象。另一方面,果树下杂草高度要适度控制,草的高度过高,会与果树形成营养竞争,且通风透光不佳,也容易引起根腐烂。果园饲养鹅是一个有效的解决措施,既达到控制杂草高度、促进有机物循环、培肥土壤的目标,又增加了果园经济收入(鹅也是果园的产品之一)。悠汁有机农场的做法是将草的高度控制在0.5米以下,鹅的放养采取轮牧,3~4亩田为一个单位,草的高度超过0.5米时将鹅放入,杂草高度控制到20厘米左右时,即将鹅移入下一块田。夏季,一般15~20天果园杂草高度即可恢复到半米左右。

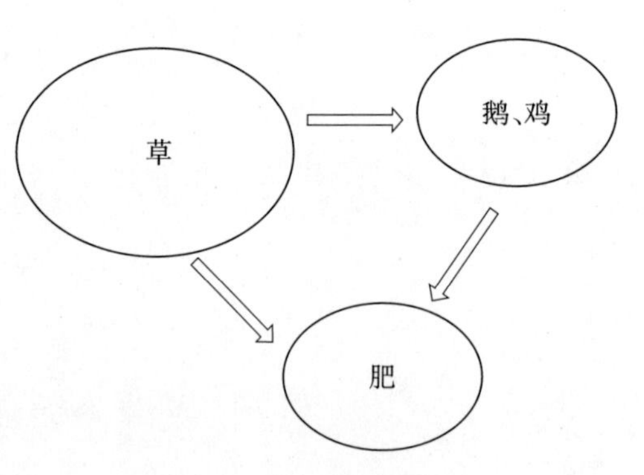

图1-5 “鹅-草-肥”系统

悠汁有机农场100亩果园配备了1200只鹅。放养鹅选择15天龄的鹅幼苗,在田间育肥75天,一年可以放养两茬,折合每亩24只鹅。关于果园选择鹅还是鸭:鹅的优点是较温顺,一群鹅由自动形成的“头鹅”带领,组织性强,适合放牧，缺点是鹅需要每天赶回鹅舍，不能在果园过夜；鸭的优点是比较抗病、耐淋，缺点是组织性差，不容易放牧。

鹅放养期间，注意补充精料和水，精料约占鹅采食量的20%左右。

悠汁有机农场除了在果园地上养鹅，还在半空中养蜂。蜜蜂一方面帮助果树授粉，另一方面还能产出好吃的蜂蜜。农场每次采蜜控制一定的量，一定要给蜜蜂留下口粮。果园有不同花期的果树，农场还会专门在果树行间种植油菜补充蜜源，从而延长蜜蜂全年采蜜时间。

3.“菌-果”系统——有机物循环

悠汁有机农场除了利用地上部的植物养鹅，利用半空中的花养蜂，还利用地面上和土壤里的有机质养菌菇。每年秋季，果园就会有厚厚一层落叶，还会有一些剪下的果枝，这些有机物纤维素、木质素含量高，在土壤表面不容易分解，而恰好是菌菇的好食饵。农场用果园的树枝、树叶、麦麸、玉米芯等有机资材做菌棒作为菌菇栽培基质，摆放在果树下面，正好利用果树遮阴形成的小环境栽培菌菇。这样既加快了有机物循环，减少农场废弃物的产生，又增加了农场收入。有机质干料与菌菇质量比约为1∶1.2，每亩可摆放1.2万袋菌棒，每年菌菇批发价为8~12元/公斤，也就是农场每吨干的有机废弃物能产生9600~14400元的收入！每年可以培养2~3期，可根据季节栽培不同品种的菌菇。

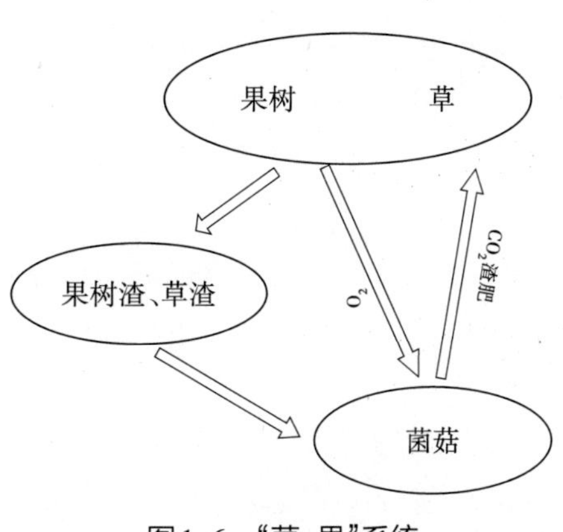

图1-6　“菌-果”系统

三、效益分析

1. 经济效益

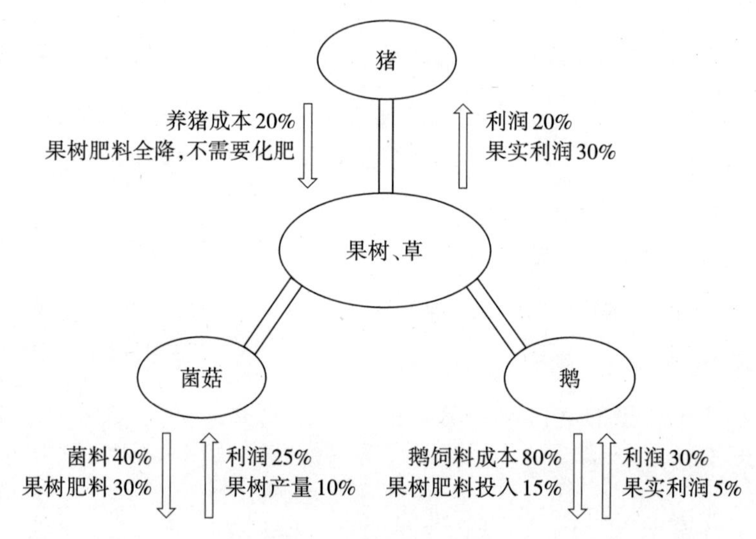

图1-7 经济效益展示

悠汁有机农场的生态循环系统充分体现了经济效益、生态效益、社会效益的统一,通过系统的优化设计,各个环节的要素间形成紧密的物质、能量流动,不但减少了废弃物的产生,还降低了成本,增加了系统产出。

2. 生态效益

悠汁有机农场经过近十年的生态(有机)种植,土壤得到了明显改善。参照表1-3,我们可以看出,土壤有机质达到了4%,而本地常规种植的未经改良的土壤有机质含量仅为0.78%。土壤有机质的提升还使得土壤团粒化结构丰富,增加了土壤的生物多样性,保水保肥能力大大提升,土壤地力提升,抗涝抗旱能力增强,可持续生产能力增强。

表1-3 悠汁有机农场土壤检测数据

编号	有机质/%	全氮/%	全磷/%	有效磷/mg·kg^{-1}	速效钾/mg·kg^{-1}	碱解氮/mg·kg^{-1}	钙/mg·kg^{-1}	镁/mg·kg^{-1}	铜/mg·kg^{-1}	锌/mg·kg^{-1}	铁/mg·kg^{-1}
1	0.78	0.79	0.89	138.63	163.61	82.73	426.6	57.92	3.03	2.88	38.92
2	4.044	0.77	0.7	82.84	206.78	66.04	347.76	46.78	1.5	0.61	33.04

注:1号为常规种植对照;2号为悠汁有机农场果园。两个土壤样品均为20厘米内耕层土。

小结与讨论

悠汁有机农场生态循环系统可谓在果园空间上建立三个子系统，在空间大的幼树果园长期生草，根系改良土壤，植物养鸡、鹅和猪，空中还可以养蜂。在比较密的高大果园利用地表有机物覆盖和阴凉潮湿的环境种植蘑菇，菇渣还可以继续改良土壤。可以说，在这个系统里连空气的价值也得到更显化的利用。整个果园系统内植物、动物以及光、温、水、气、土壤和立体空间等要素的价值都被调动起来，物质能量循环利用率很高，投入部分只有猪和鹅的精饲料，可以说果园投入少、产出多。据负责人廖钧介绍，他们的产品价格按照常规产品价格出售也有盈余。然而这样一个三环的复杂农业生态系统需要大量的实践摸索积累，近十年的摸索调整，才形成现在的状态，而且仍然需要结合每年的天气、市场变动做出调整。

劳动力投入方面，我们也非常惊讶，这么大的园子目前只有两位中年妇女维护（其中一位为雇工，非全天上班），需要做的工作主要是喂猪、喂鸡、喂鹅（包括轮牧的控制、圈舍清理维护），沼气池维护及灌溉控制，果园看护及管理（根据病虫害发生情况，有时需要喷洒生物农药），果树剪枝期间会增加两位剪枝工，收获期间会增加数位雇工采收包装发货等。果树的健康管理和日常观察由农场主负责，一般隔几天就要巡视一遍果园，发现问题及时解决。可见，一个好的农业生态循环系统，是能够大大缩减劳动力的。

现场调查时，我们也看到部分果园存在过度放牧鸡、鹅的地块，部分地块杂草成荒的情况，这是对放牧时间和地块没有很好管理的缘故，可能还是存在劳动力投入和管理不足的情况；有些区块果园中病虫害严重，比如天牛，让农场主非常头疼。因为农场主要兼顾农场的销售和拓展，对于果园技术管理投入不够，相信该系统还有很大潜力等待挖掘。

另一方面，从农场土壤检测数据可以看出，该系统对于土壤环境的提升发挥了很好的作用，有机质提升明显，土壤地力增强。但值得注意的是土壤矿物质元素磷、钙、镁、铁、铜、锌都明显低于对照，推测该系统投入品中只有一些养殖的精饲料，输出品是大量的水果、蛋和肉类，还是不平衡的，至少还需要补充部分微量元素，或者通过外购有机物原料制作堆肥来补充微量元素。

亮亮农场的物质循环系统

唐　亮[①]

导读:亮亮农场是一个典型的现代家庭农场,体现了很多中国传统农业的特点,也有对新技术的理解和融入。种养循环、有机质还田、作物轮作、绿肥种植、土地休耕、栖息地营造、水系统构建、生态堆肥厕所……这些生态系统的元素在一个家庭农场有效连接起来,土地不断改良,产出越来越丰厚,逐渐形成低成本、高产出的高效生态模式。

一、亮亮农场以及农场的物质循环系统简介

1.亮亮农场简介

亮亮农场是一座家庭式农场,农场占地面积30余亩,位于四川盆地,川西平原与川中丘陵交界的地方,属于小丘陵地形。农场在成都市东北角金堂县福兴镇牛角村,距离成都市区60余公里。农场成立于2013年,在第四年开始进入可持续运营的状态。

2.亮亮农场物质循环系统

不论是地质大循环,还是某一块土地的土壤小循环,都在进行着物质的循环,只是尺度大小、时间长短、循环速率有所不同而已。对于一个土壤系统,其中的碳循环、氮循环、各种中微量元素循环,属于其物质循环的一部分。

① 作者简介:唐亮,四川成都人,2013年回到家乡,发起爱佳源·亮亮农场,践行可持续农耕,凝聚乡村家庭。

亮亮农场的物质循环系统，我们可以通过图1-8有所了解。

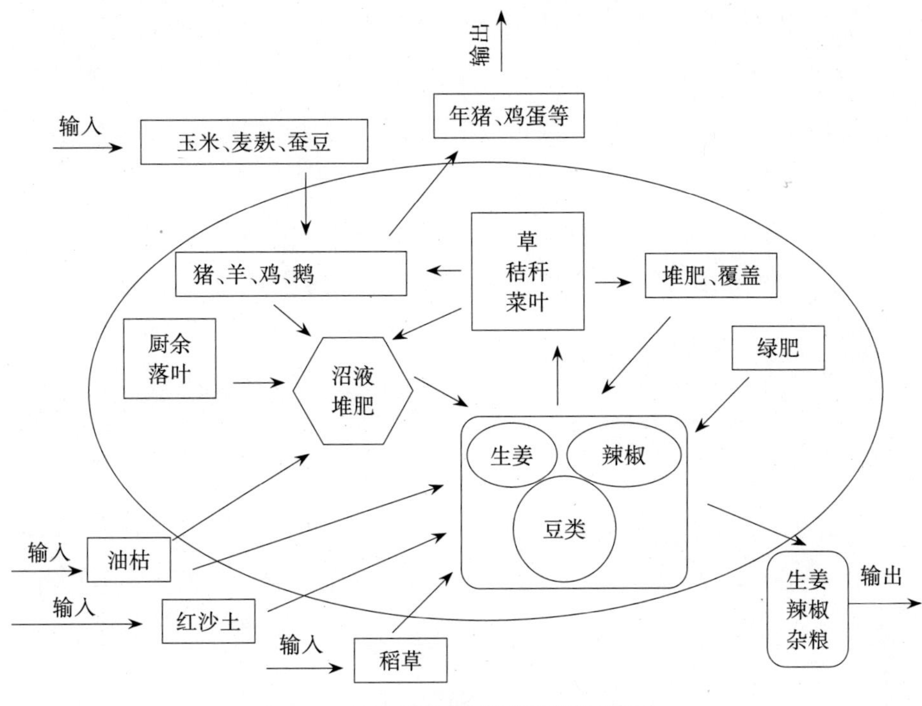

图1-8　亮亮农场物质循环系统示意图

在这个图中，可以看到不同物质的输入及最终农场的输出，及其如何参与农场的生产循环，形成农场特有的生态循环系统。这其中，农场输入的物质包括：稻草、红沙土、油枯（油菜籽榨了菜籽油后剩下的枯渣部分）、玉米、麦麸、蚕豆等。输出的物质包括：生姜、辣椒、杂粮，以及一些年猪和鸡蛋等。

（1）农场每年输入的物质明细

每年外购2万斤左右的稻草（价格约0.2元/斤，来源于周围村民种植的水稻）做覆盖，3000多斤油枯（价格约1元/斤）做底肥或追肥。另外，农场每年从本地拉来约3万斤红沙土用于生姜的贮存，贮存之后最终还田。

每年外购约4000斤玉米、麦麸、蚕豆等，作为养殖系统的食物补充（每年饲养家畜数量：30余只鸡、4头猪、3只鹅、2只羊）。

农场系统内产生的杂草、菜叶、秸秆、绿肥这些折算成干物质，每年大概1.6万斤，收集的厨余、树叶1000到2000斤。

(2)农场每年输出的物质明细

生姜、辣椒、杂粮,以及一些年猪和鸡蛋等,加起来每年大约3万斤。

在这个系统中,总共计算下来,每年差不多有4万多斤干物质状态的物质通过各种方式进入农场生产系统。而农场的产出部分,生姜、辣椒、杂粮,以及一些年猪和鸡蛋等,加起来每年大约3万斤(产出部分多为生鲜农产品,鲜物质状态)。作为农场主要作物的小黄姜,其产量目前为周围常规种植产量的七到八成。从物质循环的角度,目前是投入大于产出的状态,这里涉及农场关于养地的考虑。

二、农场土壤改良效果

十几年前当地进行土地整理,熟土因此而损失掉了,耕作土基本就是本底土的样子,属于姜石黄泥土,一种缺乏有机质的黏性土壤,需要逐步进行改良才能可持续种植,这种土当地称作“死黄泥”。通过年复一年的耕作,农场慢慢将耕作土改良到现在这个样子。

从沃土可持续农业发展中心帮助农场进行的土壤样品测试结果看,农场生态耕作进行了3年的地块,土壤有机质含量平均达到2%,而未开始或者刚

图1-9　稻草覆盖的生姜地(唐亮　拍摄于2014年4月19日)

开始生态种植的农田土壤的有机质含量平均在1%左右。十三年前，这里进行土地整理，表土层被推掉，当地农户在一片死黄泥上开始耕作，耕作层有机质含量可以说接近于零。通过十余年的耕作基本达到1%左右的水平。而农场生态耕作三年多的时间，有机质含量差不多从1%提升到2%。这样的土壤改良成效，与农场每年将稻草、油枯等各种对土壤有益的物质还田有关。

三、农场物质循环材料分析

1.材料种类及作用

农田用于改良土壤的材料主要包括固体有机物、液态沼液和富含矿物质的红沙土。固体有机物材料包括碳源材料稻草、树叶等，氮源材料油枯、厨余和绿肥等。

农场的物质循环体系中，稻草的碳氮比高，是一种很好的碳源材料，主要用于小黄姜等作物种植过程中的覆盖。小黄姜作为农场的主要作物之一，一亩生姜地使用稻草1000多斤。每次生姜种下后，会在上面盖上一层稻草，就像给生姜们盖上了被子。一方面，稻草覆盖能够避免太阳光对土壤的直接照射，减少水分蒸发，起到保温保水的作用；另一方面，稻草是有机质含量很高的材料，随着时间的推移，这些覆盖的稻草会慢慢降解，增加土壤中有机质的含量，作为土壤微生物的食物来源；另外，稻草覆盖在一定程度上起到抑制杂草的作用。

油枯氮元素含量较多，主要通过堆肥发酵后使用，或者直接在播种时作为底肥使用。杂草、菜叶，有的可以直接还田分解，有的用于制作堆肥，有的用来喂养牲畜，动物粪便或食物残渣再进入沼气池。玉米、麦麸、蚕豆等也是用来喂养牲畜，牲畜产生的粪便或食物残渣再进入沼气池进行发酵，产生的沼气供家里烧水做饭，沼液含氮元素比较多，以液态速效肥的方式做追肥用。

图1-10　准备用于堆肥的杂草(唐亮　拍摄于2016年10月1日)

农场的生活垃圾是分类处理的,可以降解的物质用来做堆肥材料。平时农忙间隙,农场也会在周围的竹林、树林收集一些落叶,用来作为堆肥材料,制作堆肥。这样既清洁了环境,也补充了田间地头的物质进入循环。

还有一项就是绿肥,每年农场会轮流让一部分土地休耕,这些休耕的土地会种上各种绿肥植物,一方面让土地休养生息,另一方面通过一些豆科类绿肥植物,固定空气中的氮元素进入土壤系统,增强土壤肥力,同时还可以增加土壤的有机质含量。

2.有机物材料还田的方式

农场的有机物材料有几种循环方式:一是集中堆肥;二是就地还田;三是通过沼气池系统。

(1)集中堆肥可以将含有各种有机物的材料充分发酵腐熟,作为一种常用肥源来用,微生物丰富,使用方便,在适当的时期集中使用有明显的肥力补充和土壤改良的效果。只是堆肥的制作需要投入一定的劳动力,来进行堆肥材料的集中、翻堆,然后再运输到各个地块。

(2)就地还田,有的是通过割草机直接割断就地还田,有的是通过人工拔草直接放在地里就地还田，有的是通过作物采收时直接就地还田，到下一季耕作时（通常会休耕一个耕作季），就降解得差不多了，如果不能降解，在翻地的时候翻入地里也很容易就降解了。这些田间就地发酵的方式，就地补充有机质，比较省时省力，作用过程长，但量不宜过多，太多了就会影响田间的正常工作，还会造成发酵过程中跟作物争夺养分，产生高温影响作物正常生长的情况。根据农场的经验，如果是休耕的地块，就地还田基本不受量的限制。如果是正在耕作的地块，杂草或者其他秸秆就地还田，特别是新鲜的材质，如果出现扎堆的情况，就可能造成烧苗，这个需要特别注意。还田多余的秸秆，会运送到堆肥区做堆肥，或者放到休耕的地块还田。

(3)沼液属于速效液态肥源，这几种方式里面，其循环效率最高、施肥效果最好。缺点是大部分有机质经过了动物消化、沼液发酵等过程，已经大大缩减了。液态速效肥很容易被作物吸收，但对土壤改良、土壤有机质提升的作用有限，主要在作物迅速生长期作为追肥使用。

关于红沙土的使用，农场保存生姜要用到红沙土（每年大概3万斤），在保存完生姜后，一部分会陆续运送到地里，正好改善黏性土质的耕作性，增强土壤的疏松透气性，同时作为一种岩石粉补充地里的矿物质。一部分则用来育苗，将种子和红沙土混合拌匀，以方便撒种，撒完种子后，再铺上一层红沙土。农场周围的小山坡上，几乎都是这些红沙石。我们就近取得，就近使用，在农场的多个环节都能发挥作用。

总的说来，在农场的物质循环系统中，我们通过系统内自循环以及外购补充，有机质来源和各种矿质元素的构成是多样的。这其中包含的物质有：稻草、油枯、杂草菜叶秸秆、绿肥、厨余、树叶竹叶、玉米麦麸蚕豆、红沙土等。各种干物质每年有数万斤，一亩地每年使用各种有机物干物质约1000斤。

四、关于生态农场的思考

关于地力问题。大多农业体系中，一开始就讲究追肥，补充营养元素。即使一些生态或者有机农场,也是靠大肥大水供应维持其农场产出。大家更多的是把目光投向了给作物直接提供养分,在土壤本身的改良方面则常常关注不多,或者没有意识到。而地力却是持久产生各种养分的条件和能力基础,这里说的地力是土壤微生物分解有机质产生可供植物吸收利用的有机养分和矿质元素的能力,是土壤生态系统动态平衡的关键。

从自然科学的角度,土壤中的碳循环、氮循环、各种中微量矿质元素循环都和这些土壤微生物有关。应通过生态学原理,顺应本地的物质循环和能量流动系统。从活力农耕的视角看,应增强土地本身的活力,通过一些配方和耕作方式提升土壤活力,为作物提供顺势治疗,从而提升作物的能量,而不建议使用过多的速效液态肥,哪怕是有机液态肥。从中医的角度看,应让作物更接地气,集天地之灵气,让土壤“气血通畅阴阳平衡”,以生长出健康的、能量充足、有灵气的食材和药材。生态有机农业,需要农人投入更多的关注到土壤改良、培育的工作中来。前面说到的农场物质循环系统,不少地方都是围绕提升农场地力来进行的,通过各种有机质的还田,来逐渐活化土壤,提升地力。

作为一个小家庭农场,这个生产系统似乎并不是太标准。没有使用标准化的有机肥,没有标准化的操作流程……但能够更紧密、更充分地结合自身以及周围的条件,尽可能地利用周围可使用的各种有机质、肥力资源,让这些相对分散的资源更有效地流动起来,而不是成为环境的负担。相对于大的标准化生产系统,这本身就是一种末端的补充,这么一种形态的存在,能够在这样一个小系统中实现相对的平衡。

关于什么是现代农业,不同的人理解会不一样,有的人会把生态农业有机农业看作是落后的农业形态,似乎对应着刀耕火种的时代。但我却不这么理解,我认为良好的生态农业才代表现代农业的方向。生态农业是一个生产体系,在这个体系中,需要同时兼顾农业生产与土壤健康、生态环境、人类健康以及农人家庭生计等多个方面,知其然知其所以然……让这样的农业形态逐渐进入公众和政府的视野,让大家看到这么一种实践是具有可行性的,而不是空想。我想这会是生态新农人的一个努力方向。

表1-4　亮亮农场部分土壤检测数据

编号	有机质/%	全氮/%	全磷/%	有效磷/mg·kg^{-1}	速效钾/mg·kg^{-1}	碱解氮/mg·kg^{-1}	钙/mg·kg^{-1}	镁/mg·kg^{-1}	铜/mg·kg^{-1}	锌/mg·kg^{-1}	铁/mg·kg^{-1}
1	1.344	0.91	0.49	27.35	108.55	92.75	344.39	41.92	1.98	2.00	22.83
2	1.956	1.13	0.51	20.20	107.31	80.14	402.57	41.92	1.41	0.48	24.46
3	1.802	0.93	0.48	67.86	135.58	97.57	522.38	43.00	1.29	0.73	6.59

注：1号—对照组，常规耕作；2号—亮亮农场休耕2年+生态耕作2年+休耕0.5年；3号—亮亮农场生态耕作3.5年。

小结与讨论

亮亮农场的物质循环是一个家庭生态农场的典范，物质循环利用效率较高，其表现如下：一是种植与养殖循环；二是土壤培肥资源多样化，有休耕、秸秆覆盖、绿肥还田、堆肥、厨余还田与沼液使用等，有土壤改良型的缓效材料，也有速效性的有机肥，不同供肥特性的有机肥也满足了植物多样化的需求；三是农场生物多样丰富，植物种类上除有辣椒、姜、杂粮、果树外，还保留杂草、绿肥等，养殖上有鸡、鹅、猪、羊等，生物多样性丰富了农场生态系统结构，这样可以大大提升农场的物质能量转化效率；四是物质循环利用意识强，如红沙土的反复利用与还田，这里需要注意的是沙土不要过多还田，以免引起土壤保水保肥能力下降；五是有意识地使农场投入与产出保持平衡，在农场产品输出的同时，也输入稻草、油枯、饲料与红沙土等。

从表1-4土壤检测数据看，亮亮农场从事生态农业种植的土壤有机质明显高于相邻的常规种植地块，有机质含量高出34%~46%，除碱解氮外，其他大量元素含量也优于常规种植。但需要注意的是，微量元素铁、铜、锌要低于常规种植，尤其是生态耕作时间长的地块，说明农场物质循环方面，还需要补充少量微量元素以保持平衡。

特石模式的生态循环系统

韩　农[1]

导读:特石模式是特石农场探索的适合中大规模农场的一种生态循环有机农业产业化技术体系和生产模式。特石模式的核心在于通过培育高效的微生物发酵有机肥体系,提高土壤改良效率,降低成本,实现"低初始投入、低生产成本""高产出、高效益"的目标。

一、特石模式简介

特石农场生态循环有机农业模式(Ecology Cycle Organic Agriculture, ECOA)属于合理配置资源高效率地发展高效益农业的体系。以山西特石农场为例,其主要模式是采用同一经济体双基地模式配置资源,即建设在大城市周边的城郊高效基地和建设在偏远山区的山区辅助基地相结合。城郊高效基地是资源生物量全利用的高效生态循环有机生产基地,使用了大量先进生物和生态技术,种养结合,高效率的生物循环处理装置使生产过程中的废弃物迅速转化为能量和肥料,其高生产力特征表现了在生态环境承载力允许的条件下最大化的单位面积产出。山区辅助基地则发挥广袤的土地、天然的优良环境以及较低的劳动力成本等优势,为城郊高效基地提供生产所需要的能量和

① 作者简介:韩农,1982年毕业于黑龙江商学院,1992年从政府离职下海,经历各种行业历练。2008年组建团队研发、实践生态循环有机农业,历时8年完成规模化有机农业生产技术体系——特石模式。

蛋白饲料，通过经济一体化，既能保证合格的原料(粮食和饲料作物)供应也能得到比常规农业生产高的收益。

特石模式见图1-11：

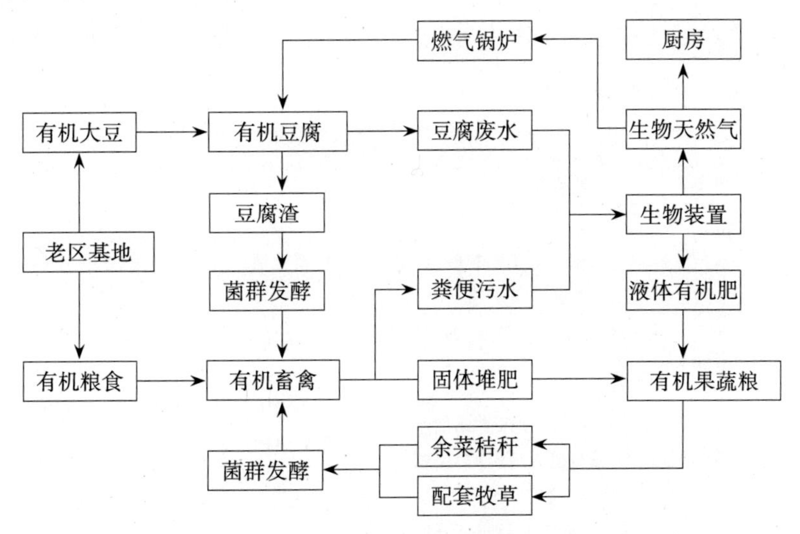

图1-11　ECOA特石模式循环示意图

特石模式的主要技术途径如下：

双基地模式——远郊山区原料基地+城市近郊蔬果基地；

土壤改良——培育土壤微生物群，提升土壤地力；

有机生产——种植、养殖和废弃物循环，全生物量循环；

肥料供应——沼液快速发酵、生物有机肥、有机物料还田；

病虫害控制——以生态条带为特征构建害虫天敌栖息地，对虫害实施“前端控制”。

二、特石生态种植第一要务—— 土壤改良

1.原理及技术路线设计

土为本是中国传统农业的哲学思想，但是缺乏科学的数据和量化指标。特石认为，有机种植的首要任务是土壤改良，采取人工干预的方法使土壤微生

物多样且丰富,保证为作物提供充足且平衡的养分,并使作物的抗病抗虫能力得以提高。

2.实践要点

特石农场的土壤改良方案包括土壤改良期和土壤肥力保持期两个阶段,具体实践策略请参考表1-5。

表1-5 特石农场土壤改良实践策略

	改良期	肥力保持期
目标	1.土壤pH为中性(特石农场的土壤背景偏碱性) 2.土壤微生物呈现以细菌为主的种群结构 3.其余指标符合欧盟有机认证标准要求	保持土壤微生物菌群平衡
原理	黑箱法为土壤微生物提供营养,达到富集微生物的目的,并依靠土壤微生物提供作物所需足量且平衡的养分	
山西基地技术路线	1.施用粉煤灰、炉灰补充土壤微量元素 2.有机养殖的生鹅粪直接入地(补充氮源) 3.有机物料还田(补充碳源) 4.轮作期种植豆科植物(固氮及改良土壤) 5.辅助排碱沟和灌水压碱措施,部分地块施用硫黄和硫酸亚铁	1.施用生肥基肥 2.有机物料还田 3.有机蔬菜生产期间以沼液为主补充养分 4.轮作期种植豆科植物或者休耕 5.免深耕 6.免锄草
实践成果	2年时间把平均pH为8.3的轻盐碱型河滩地改造为海绵田(平均pH为7.3,剖面观察土壤腐殖层由12 cm增加到30 cm,团粒结构和孔隙率良好,不再出现板结现象,土壤蚯蚓数量达到118条每平方米,其他指标未测定)	

特别需要注意的是,有机物料还田和生肥入地这两项措施中,需要分别使用专性分解菌群和富集培养的土著性菌群进行处理,施到土壤中进行简单掩埋或旋耕,还要有不少于20天的休耕期,给有机物以分解时间,之后才能播种耕作。

三、特石生态种植之生物多样性——以生态条带为特征的符合作物-植物群落的有机农业生产模型

多样化的植物群落是构建生态系统多样性的基础,特石农场以生态条带为特征的符合作物-植物群落的有机农业生产模型能够很好地解决农业生态系统病虫害问题。

1.生态条带搭建的技术路线

实践要点参照表1-6。

表1-6　生态条带搭建实践要点

目标	构建积极的人工生态种植生产系统，把种植产品和生态环境有机地融为一体，彻底变革单一品种大面积种植的常规农业生产思路，利用生态系统的稳定性对有机种植中的虫害实施“前端控制”
原理	生物多样性导致环境稳定性的生态学共识
山西基地技术路线	1.利用空间生态位构建复杂的、多样性的复合植物共生环境 2.主动地应用时间生态位 3.控制虫害的后备手段：采用沼液为基质的功能性复配制剂（复配特定植物提取物），在天敌滞后效应导致的虫害空档期用于压制虫口密度，与条带割除驱赶策略配合 4.控制病害的后备手段：微生物拮抗菌剂、沼液为基质的功能性复配制剂（复配矿物原料浸出液）和中药提取物

2.特石太原基地生物多样性人工营造措施

2008年，特石太原基地开始采取多样化营造措施：

(1)隔离带。主要植物为杨树（毛白杨和中华红叶杨）、柳树、紫穗槐。

(2)大生态条带。主要植物为苜蓿、三叶草、除虫菊、香水薄荷以及杂草。

(3)小生态条带。主要植物为苜蓿、三叶草、胡椒薄荷、罗马甘菊、冬寒菜、除虫菊以及杂草。

(4)生态廊道。主要植物为苜蓿和杂草。

(5)种植菜地除苗期锄草以外，均采用高于蔬菜部分割除的办法，所有田间田埂的杂草均予以保留。

四、营养型有机养殖体系

自然型的生态养殖虽然能保证养殖产品的品质，但是无法实现低成本、高生物量产出的目标，所以营养型的有机养殖技术在有机农业产业化模式中必不可少。在畜禽养殖中，影响成本的主要因素是饲料，约占养殖直接成本的70%，所以在满足有机认证要求基础上，以低成本的方式满足足够的营养条件成为特石模式有机养殖的试验方向。

表1-7 特石营养型养殖实践要点

目标	增强畜禽免疫力,提高营养水平,提高并优化营养物质含量和成分,降低成本
原理	通过均衡营养和益生功能菌增强畜禽体质
山西基地 技术路线	1.豆腐渣的微生物发酵 2.选育一种植物乳杆菌,辅以功能性中药,大幅度降低有机鹅肉和鹅蛋的胆固醇含量 3.以能量和氨基酸平衡并举的方法,用计算机软件配制鹅精饲料,保证在有机标准下比较精确地满足鹅的营养需求
实践成果	降低40%的粮食用量;降低鹅肉、鹅蛋胆固醇含量

五、特石模式的独门利器——变压厌氧发酵技术装置

生物循环技术和装备是规模化有机生产体系中连接两个生产单元(有机养殖和有机种植)的关键接口,这个接口的能力决定着两个生产单元实现有效对接的效果。特石的变压厌氧发酵技术装置是高效的液体粪水厌氧发酵装置。

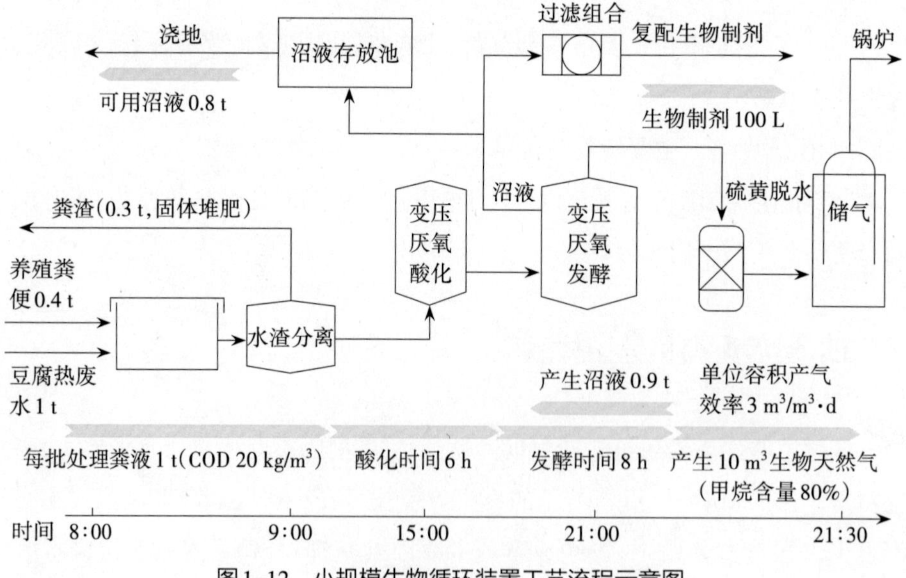

图1-12 小规模生物循环装置工艺流程示意图

特石生物循环处理装置为特石自主创新研发的高科技工业化设备，从研发—小试—中试—工业化定型—生产运行，历时八年，获得多项国家发明和实用新型专利。该装置可以高效率地处理畜禽粪便污水，使其转化为全效的液体有机肥，副产品则是高热值的生物天然气。为了更直观地了解该装置的特点，首先看看标准装置实际运行的技术指标。

（1）进料COD浓度高达50000 mg/L，有机负荷可达30 $kg/m^3·d$，提高10倍以上。

（2）发酵消化时间14 h，比常规沼气池提高60倍，比大型UASB提高30倍。

（3）COD去除率95%以上。

（4）产气效率3 $m^3/m^3·d$以上，比常规沼气池提高10倍，比UASB提高6倍。

（5）产气纯度高，所产生物天然气甲烷含量80%以上，热值28.8 MJ/kg，比常规沼气（甲烷50%）热值18 MJ/kg高出60%。

（6）装置全部成套设备化，安装操作简便，标准装置每日高浓度进料3~5 t，出液按照稀释10倍计算，可以每日提供30~50吨液体有机肥。

（7）配套设施成熟完备。系统配置络合器可制成兼具杀菌杀虫的液肥；配备田间管道可以直接喷灌滴灌。按照特石模式用于有机蔬菜追施液肥量核算，一套标准装置可以支持1000亩的有机蔬菜生产。

从60天到14个小时，是厌氧发酵技术巨大的进步，目前，该装置正在深圳特石有机农业惠东基地运行，各项指标均达到或超过设计要求。

六、特石模式生态循环系统相关参数以及成本效益分析

1.特石模式中生物量的平衡分析示例（100亩蔬菜）

计算模型数据：仅以氮平衡计算100亩有机叶菜生产。

氮输出部分：平均生产周期40天，20天的休耕期，年生产次数6次，每亩每轮次总产2000 kg，可上市用标品1000 kg，余菜1000 kg（还田）。则系统年产净菜1000 kg×6轮×100亩=600000 kg，余菜600000 kg中一部分喂鸡、鹅，一部分留在地里

(按照50%计),每1000 kg鲜菜氮消耗量按照5 kg计算,土壤氮挥发损失不计,则系统全年移出氮量(600000+300000)×0.005=4500(kg)。

氮供给部分:(1)养殖约700只鹅,养殖鹅部分的粪便量(1~1.5 kg/只·日),按照低值计算,每年700×1×365×1.82%=4650(kg)(鹅粪便含氮量1.82%)。(2)土壤固氮生物每年固氮3~5 kg/亩,100亩有300~500 kg纯氮积累。

结论:特石模式中,700只鹅能够实现100亩蔬菜田氮供给略有盈余。

2.特石农场土壤改良效果

生态(有机)种植的土壤改良效果主要表现在作物的健康生长、产量提高、抗逆性增强,在土壤本身的表现上包括有机质提升、保水保肥性改善、营养供给平衡等。我们可以把表1-8作为一个窗口看土壤的有机质提升与营养状况变化。

从表1-8我们可以看出,特石模式下土壤的有机质提升非常明显,改良一两年的土地有机质分别提升了141.8%、122.2%。土壤速效氮磷钾的含量也明显提升,证实了土壤地力和矿质养分逐渐积累的事实。土壤中铜、锌、铁的元素在积累,这跟模式中使用较多的动物性有机肥有关系。值得注意的是土壤中的钙、镁含量有逐渐下降的趋势,因此,特石模式还需要补充矿质微量元素。经过两年的改良,我们发现,特石模式下土壤由碱性向中性转化趋势明显,可见对于土壤的酸碱度改良也有明显的效果。

表1-8 特石农场部分土壤检测数据

编号	有机质/%	有效磷/mg·kg^{-1}	速效钾/mg·kg^{-1}	碱解氮/mg·kg^{-1}	钙/mg·kg^{-1}	镁/mg·kg^{-1}	铜/mg·kg^{-1}	锌/mg·kg^{-1}	铁/mg·kg^{-1}	pH
1	0.948	3.29	23.62	51.94	1097.9	91.25	0.7	—	4.59	7.97
2	2.292	56.61	49.68	74.57	1455.88	410	0.99	1.06	12	7.72
3	2.106	84.14	130.97	57.88	409.39	44.15	1.2	1.9	32	7.34

注:1号,对照组,保持原貌,未耕作;2号,生态耕作1年;3号,生态耕作2年。

3.成本-效益分析

计算模型数据:使用系数法计算,考察循环对于成本的降低效果。

有机蔬菜生产成本系数以及特石模式中特有环节对成本降低的贡献系数如表1-9所示(以100亩为单元,折算每亩生产成本)。

表1-9　单纯有机蔬菜种植与特石模式成本分析对比

	单纯有机蔬菜种植	特石模式
投资	40000元	15000元
年发生成本费用		
设备折旧	4000元	1500元
人工费用	0.5人/亩,15000元	0.2人/亩,6000元
种子	200元	200元
肥料	2000元	内部循环供给
成本合计	21200元	7700元
特石模式循环系统额外贡献		
肥料系统贡献(-10.7%)		-823.9元
养殖转换贡献(-28.7%)		-2208元
豆腐转换贡献(-20%)		-1540元
成本总计	21200元	3128.1元

对比结果,特石有机蔬菜成本仅为单纯种植有机蔬菜的14.75%。

七、关于特石模式的思考

1.生态循环有机农业是一个系统工程,一招平天下是幻想

微生物、生态、发酵工程、无机材料、机械、电子、动力、水利、气象、污染物治理、土壤学、肥料、植物生理病理、植物营养、动物生理病理、动物营养、田间管理、采后处理、保鲜……一个真正的有机农业一定是多专业有机结合的系统工程,我们认为要做到真正意义上的有机农业,首先必须实现规模化产业化,面对日益增长的食品需求和食品安全保障的双重要求,没有规模化的有机农业注定会被边缘化和小众化。

靠单一的生物菌肥也好,生物制剂也好……任何单一的技术或产品都不足以挑起有机农业产业化的重任。

2.特石模式需要建立不同地区的量化模型

目前我们的数据大部分是估算,个别指标做过检测。特石模式的生态循环的生物量平衡量化模型需要通过各个环节的实际测量进行精算,为特石模式提供量化的指标体系。

加强对生产力指标体系的测量,包括原料、损耗、人力、动力、机械等要素的测量,最终的指标应能反映出产能、成本、能量流和物流指标。

小结与讨论

特石模式是在总结积累大量实践经验基础上形成的复杂农业生态系统的高级形式,有大量的数据参数和高效率的科技装置,结合微生物发酵技术,大大提高农业生态系统的物质转化效率,降低成本,适于规模化、产业化的有机农业系统,是一个生态原理在中等规模农业生产单位的应用案例。通过作者的分析,我们可以看出通过种植–养殖的循环思路和微生物技术的应用是可以降低成本的。因此,生态农业是更先进的农业,产量高、品质优、效益好。

从文中土壤检测数据可以看出,特石模式下土壤有机质含量提升显著,但在土壤改良的精细化方面还需要注意矿质元素的平衡补充,当前的检测结果可以看出需要再补充些钙、镁等矿质元素。不同地方的土壤差异很大,要根据当地土壤的情况制定精确的土壤改良方案,最终形成有机质含量高、矿质元素平衡的土壤。

生态稻米的“稻鸭共作”系统

姚慧峰①

导读：稻鸭共作是生态农业系统中农田种养循环简单系统的代表，可以减少除草、施肥成本，增加收入，实现不用农药、化肥、除草剂的生态水稻种植。

稻田养鸭，就是将小鸭子放到稻田，直到水稻抽穗为止，无论白天还是夜晚，鸭一直生活在稻田里，稻和鸭构成一个相互依赖、共同生长的生态系统。该系统利用鸭子的杂食性，吃掉稻田内的杂草和害虫；利用鸭不间断地在水中活动的习性，刺激水稻生长；同时鸭的粪便可作为水稻的肥料。稻田养鸭不仅能降低水稻生产成本，提高水稻产量和质量，也为种植户带来了更大的经济效益。

江西宜丰县稻香南垣生态稻米专业合作社自2011年开始停止使用化肥、农药的常规水稻种植，转向生态稻米的种植，使用的重要技术便是稻鸭共作。生产的稻米不仅品质大大改善，产量也接近常规种植，每亩经济收入比常规种植提高500到1000元。该技术系统的实施要点如下：

1.品种选择

品种选择包括水稻品种选择与鸭品种的选择。要选择有野鸭血统的麻鸭，大小合适，运动能力强，野外适应性强，工作能力强。

2.鸭的大小

购买刚孵出的小鸭，在家里饲养10~15天，在家饲养可以喂点儿精加工饲料，

① 作者简介：姚慧峰，江西宜丰人，2011年返乡种植生态水稻，从自己家种植30亩开始，带动全村90%的水稻种植转型生态种植，成立江西宜丰县稻香南垣生态稻米专业合作社。

以强壮其体质,为下田做准备,下田后不能再喂精加工饲料,改喂五谷杂粮。

3.放鸭时间

一般在插秧的同时,买进鸭苗,鸭苗在家里饲养10~15天,待秧苗返青后,放入小鸭。

4.放鸭天气

一定选择晴天或者阴天的早上把鸭子放入田里,并要定期观察鸭子,有湿毛的要把它带上岸,晾干毛。

5.放养密度

可按一亩田10~15只的密度放养,一群数量不宜太多,最好100只左右。

6.鸭子田间管理

鸭子主要在稻田觅食(杂草、浮游生物、虫子等)、玩耍,鸭舍要补充一些精饲料,如碎米、米糠、麦麸等。根据田里食物情况,可以一天喂一次或者几天喂一次,并经常检查围网,防止鸭子逃跑。

7.田间水管理

要保持田里不缺水,缺水鸭子会逃跑。

8.收回时间

在水稻扬花后、灌浆前,把鸭子收回家里。养足4个月,鸭子就可以上市了。

小结与讨论

稻鸭共作是中国传统农业的重要智慧,简单易操作,又有很好的生态效益与经济效益,应用比较广泛。各地实施情况根据气候、人文背景的不同而略有差异。也有地方稻田养鱼、养虾、养蟹等,取得了很好的效益。其原理是利用生态系统中植物和动物习性的相关性,创造良好的衔接,满足植物和动物的需求,减少人的劳动。其中需要注意的是动物的放养密度不能超出农田承载力。作为补充,也要增投一些食物。也有稻田种植一些浮萍(如满江红)之类的水生植物,既可以增加鸭子食物供给,又可以作为绿肥改良土壤。

高产优质的生态果园

——立君苹果的管理实践

李立君[①]

导读：立君的案例比较典型，立君出生于山东苹果产区栖霞，本科和研究生期间研究苹果的有机栽培，既有传统经验的传承，又有新技术思路的指导。经过多年的实践，他的有机苹果园的果实品质和产量都做到了超越常规种植方式的水平。本案例从农场主人的角度阐释如何观察生态系统各要素的特性，并活用自然发展的规律。作者把自己从果园周年管理到产品储存发货等各方面的技术要点与相关思考完整地呈现给大家，包括总体规划，水肥、草、病虫害管理，修剪、品控等，希望能对大家有所帮助。

一、总体规划

规划是一个农业实践者首先要考虑的问题，好的规划可以让我们心中有数，从而按部就班地进行农业劳作。沿着合理的方向有序推进，不但会让人心中踏实，也会通过更清晰的观点，提高我们解决问题的能力，这时克服困难的概率当然也会明显提高。我们的总体规划也包括两个大方面：果园选择的规划、周年种植规划。

① 作者简介：李立君，山东烟台人。中国科学院植物研究所毕业，获硕士学位，2010年开始学习有机农业，2011年正式参与有机农业的科研与实践，在有机苹果研究课题中取得突破，实现了有机苹果亩产9000斤以上。

1.果园选择规划主要应该考虑果园地理位置、面积、资源

一个果园的地理位置涉及后续的许多问题,选择有误将会带来持续的不良后果。做有机/生态农业当然要选择污染少、生态环境好的地块,否则土壤中重金属、周围大气及水污染等问题会长期影响产品品质。在地理位置上,主要考虑苹果优质产区,这可以保证有一个先天的气候、水土优势,我的选择目前都锁定在山东省栖霞市,不仅因为这里是我的家乡,还因为这个地方生产的苹果品质本来就好。黏土保水保肥,但产出的苹果口感甜度低、香气少,一般不予选择;沙土水肥容易流失,土壤环境变化大,超过果树的承受范围就需要人为在水肥上多频次投入,想要保证一定产量意味着非常烦琐的物质和劳力投入,产投比太低;沙壤土是优先考虑的,水肥协调能力强,可以兼顾品质与产量。种植历史也是重要的选择依据,在之前的数年,有机质投入高的果园,更容易快速繁衍有益微生物、土壤动物、害虫天敌,从而缩短土壤农残的降解和果园生态系统恢复的时间。

果园面积的确定也是非常重要的,我们要根据具体情况做出选择。首先要考虑的是投入问题,有机/生态农业的收益是比较滞后的,所以如果您手头有30万元,第一年的预算请不要超过10万元,那根据亩投入就不难算出起始面积。通常情况下面积的选择与您的理论值完全匹配,比如您想要10亩,但符合土壤质地的地块只有8亩,那就只能用8亩开始了;如果有一大片果园不错,其中有7亩与其他果园交集小,考虑到周围污染问题,最好只管理这7亩果园就好。

资源的种类和充盈程度是有机/生态农业的动力基础。我们要有充足的有机质来源,我的果园周围是可以轻易得到较多有机质的。苹果木、炭化木、秸秆、养殖场等充分的可利用资源,运输快捷成本低,是很大的优势。人力资源也是当下具有限制因素的重要资源。我们知道现在农村人口减少、老龄化严重,如果在一个地方不能雇用足够的人也没办法在短时间内用技术和机械解决这一问题,那么就只能换个人力相对充裕的地方或者大大减少种植面积。

2.周年种植计划可以让来年的工作清晰有序

生态种植者尤其是刚刚开始生态种植的朋友，面对复杂的果园情况通常会没有头绪，严重者会在烦乱中使果园陷入恶性发展。在没有烦乱前将生产计划做好，可以很大程度上避免崩溃的局面出现。我做生态苹果种植的前几年就缺乏规划，导致许多问题的解决存在滞后性，多次造成了一定的损失。由于不同地块具有不同的环境条件和种植历史，在选择新地块时，我会问原来的园主一些问题，较多问到常发生的病虫害，以此作为原始资料进行研究，找到数个解决方法并做一定的物资储备。一个地块多年种植，新问题会出现，在问题出现时做好时间和问题发展情况的记录，尽量在当年有效缩短解决问题的周期，来年的防治也根据今年的情况做出规划。所以不难看出，生态苹果种植的周年规划的制定需要整个生长季的积累，然后在秋冬做出整理和准备以备实施。如果没有规划，错过了最佳农时，损失经常难以挽回。我对苹果园的周年计划围绕秋季底肥、春夏病虫、冬季修枝进行，虽然细节较多但框架极为简单清晰，方向感也就有了。

二、水肥

水肥是果树的产量基础，适当的水肥供应提供了较高产量的可能性。不同年份有不同的气候特点，不同果园的果树有不同的生长情况，所以水肥的补给量和补给时间并不固定。我在同一果园分别进行生态和常规两种方式种植，经过实验对比测定，在亩用氮磷钾量相同的情况下，两年后生态种植土壤的氮磷钾含量大概是常规种植的两倍。相同投入量表现出的不同土储值，说明生态种植的保肥能力强，所以生态农业在土壤储肥能力上有优势。但我们知道农家肥释放养分的速度较慢，不能忽视生态种植投入量的问题。立君果园的苹果施肥一般是一年两次。秋天施一次底肥，以2017年秋季为例，在果树吸收根集中区挖两个长约100 cm、深约30 cm的沟，沟的方向是沿着以树干为中心的圆的切线。一棵盛果期的果树用两个沟，先用10斤炭化木渣放在最底层，然后放20斤果木渣，上面是70斤兔粪，最上面是8斤100目的贝壳粉，最后平坑。一亩地大约40棵树,肥料的大体亩投入量大家也就清楚了。这么做的道理是,贝壳粉细小但密度大,最后撒上会自动下坠到缝隙较大的有机质空隙中,自动完成混合。兔粪也在上部是因为浇水或下雨的时候,从兔粪淋溶的养分会下渗到木渣和炭化木中储存,这样既防止养分流失及地下水污染,又增加了树根对养分的有效接触,从而更能得到充足养分。第二次施肥,是来年夏秋时节,每棵树撒施六七十斤的农家肥。上述是指一般果树的施肥量,还要根据情况灵活调整。结果偏少、树势偏旺的果树少施肥甚至不施肥;结果较多、树势较弱的果树多施肥。为了增加土壤的利用程度,底肥位置每年不同,以使土壤得到均匀改良,从而为树根提供大而稳定的空间。追肥撒施要均匀,追肥的重要性体现在快速补充一些养分,均匀撒施可以使肥料更为广泛地接触土壤和水分,以达到快速提供养分的目的。

水是植物生长的动力载体和植物体的主要组成部分,根系吸收的水分都用于植物的蒸腾。在水从根系吸收到植物体蒸出的过程发生了一系列的生命活动,从种植者的角度,我们对水的理解还应聚焦在养分上。我们都知道植物根系吸收养分,大多数是通过溶解到水中然后通过对水溶液的吸收,传输到植物体的各部分进行生命活动。所以有人说浇一遍水相当于施一次肥是很有道理的。干旱时的浇水方式也有讲究,上面提过蒸腾作用会耗费许多水,旺盛蒸腾时的树木就是个小型抽水机,对于供水不是很充足的果园,采用隔行交替灌溉是可以节水的。隔行交替灌溉就是在果树的行间浇一行隔一行的浇灌方式,这样果树的一半根系得到水负责水分的供应,一半根系处于干旱传递干旱信号,可使树处于减少蒸腾的节水模式,在保证有水的情况下,大大减少这个"抽水机"的流量。

三、草

对于果园来说,草是难得的资源。我在实践过程中做过许多尝试和观察,最后得出的结论是:在苹果这种木本作物种植中,在对风光条件影响较少的前提下,草的生物量越多,对我们的贡献就会越大。曾经有一次,果园采取养鹅的方式挖草，让我颇为后悔。大家知道鹅对草的食量是很大的，在草的苗期放鹅，一只可以控制两亩地以上的杂草。我将五只鹅放入到苹果园中，一段时间后四亩园子几乎寸草不生，这样一个生长季之后，果园的土壤变得板结，而且土壤颜色变浅许多，着实让人心疼。不到一年时间土壤有机质含量从2.5%下降到了1.6%！这个速度很是惊人，虽然没有了杂草提供有机质，但之前积累的有机质分解这么快着实让人费解，可能是鹅粪中的氮促进了碳的消耗（碳氮比降低，促进有机质的分解）。

我们果园割草的频次一般是一年3次，都是等到杂草长到一定高度才进行刈割，这样可以为土壤贡献较多的有机质，利于土壤环境的稳定和害虫天敌的栖息繁殖。除了杂草，我们还会引入绿肥植物。可根据土壤的碳氮情况做出不同选择，有机质含量少的果园，要用生物量比较大的种类，比如引入大多数禾本科草种，如鼠茅草、黑麦；如果有机质含量较充足而且缺氮，最好种植豆科植物，如野豌豆、三叶草。

四、病虫害

病虫害会给我们造成直观的损失，也是大家交流过程中最常提到的问题之一。病虫害防治措施分为直接的和间接的。先说一下直接措施。苹果树作为乔木，涂干是秋季比较好的防虫方式，由于用刷子涂比较慢，我以石硫合剂原液喷干代替。秋季一次石硫合剂原液喷干防止产卵，春季一次原液喷干用于杀虫卵、抑病害，在萌芽但还没萌芽的时候用一次5度的石硫合剂喷整棵树的枝干。这样许多的病虫害就会在初始阶段减少，做到先发治虫，红蜘蛛等严重虫害发生水平会降得很低。果树发芽后，许多病虫害也开始活动，这个时候首先能看到的是苹果棉蚜，虽然石硫合剂控制了棉蚜数量，但由于许多棉蚜在近树干的根部越冬，开春还会爬出来繁殖为害，前期一般比较集中于树干的往年修剪伤口处。这时候可以用刷子在棉蚜处涂石硫合剂原液或者用喷火器喷扫，可以大部分集中消灭，但等到许多棉蚜扩散到小枝上，这个方法就难以应用了，所以要抓住前期的大好时机。

在生态农业病虫害防治上,使用菌类前景很好。菌类产生的代谢物,在2017年的试用中取得了较好的结果:苹果的露红期、花期分别用一次,金色链霉菌所产生的多抗霉素具有比较广谱的杀菌作用,然后在套袋后喷用自己配制的波尔多液,一年的病害防治的直接措施就基本完毕了。套袋后用1~2遍短稳杆菌或者枯草芽孢杆菌也就基本控制了鳞翅目虫害。

成熟期到来前罩网子防鸟,减少鸟类为害,同时网外投食,维持鸟类数量以起到减少虫子数量的作用。要注意的是每年的气候不同,病虫害发生情况不一样,我们需要根据不同的情况做出相应的调整。比如长时间闷热多雨,就需要补充一次波尔多液;苹掌舟蛾、美国白蛾等暴发性害虫要在扩散期前剪除或者加喷一次短稳杆菌。

直接措施说起来是比较简单的,但是果园生态系统在管理过程中在不断变化,因此每年出现的问题不同,采取的方式和方法也需要灵活调整。这样才能适应生态的演替,做到心中有数,得到较为理想的结果。

以上提到的都是一些防治思路或措施,最根本的是重建农田生态平衡。土壤是生态农业的根本,增加土壤的有机质含量和种类的措施,在上述的施肥中已经说清楚了,丰富的有机质可以涵养大量的有益菌,适当引入一些有益菌,也可以对病虫害起到复杂而有效的控制作用。立君果园曾经引入白僵菌、绿僵菌、酵母菌、放线菌等,都是在土壤潮湿的时候喷在地面。但是农业用菌产品质量大都很差,经我们在中科院某所的基因检测,许多商品杂菌占优,而且有的根本不含目标菌,为了探究相应菌的有效性和效果的准确度,我们也正尝试与高校合作一起做菌与菌剂的研究和生产,希望成本降低之后,可以和大家一起探索前行。

在关于草的控制内容中,我们已经从营养角度讨论了其作用,其实许多草本植物都在为我们的病虫害防治默默做贡献。在立君果园,不同区域杂草的情况并不一致,引入的草的种类也比较丰富。除了个别试验区,大部分区域因为各种草的存在,是看不到地面的。草本植物的覆盖可以给地面附近一个相对稳定的湿度和温度环境,我们引入和原本就存在的菌群以及各种小型动物也就能更好地生活于其中，这个时候大量的有机质和较稳定的环境更有利于有益菌群的繁殖，致使原本有利于许多害虫繁殖的高有机质土壤，并没有严重的地下害虫的发生。蛴螬等害虫经常看到但数量不多，而蚯蚓数量非常庞大。另外种植各种各样的开花植物，尽量使花期重叠，提供连续的蜜源是保障部分害虫天敌数量的基础。在我们果园，春天里荠菜、波斯菊、百日草、苜蓿、聚合草、野豌豆都有种植，多样化的草与花可以为果园生态环境增加多样性，不但对许多病虫害有制约，也会因保持了一定的害虫天敌数量，减少病虫害发生。而如果有了虫害，临时繁殖天敌，通常难以及时奏效。

五、修剪

修剪是调配营养和产量的重要措施，我不做夏季修剪，只做一次冬剪。修剪一方面是为了实现营养平衡，另一方面也考虑修剪本身和后续劳作的成本。提到修剪不得不提两个关键字：势、形。势就是苹果树的长势，表现为旺、中庸、弱。中庸果树既可以形成产量，又能保证质量，这样的果树修剪通常就是剪掉过旺和过弱的枝条，去掉相互遮光的枝条，空间布局合理即可。旺树则需要轻剪缓放，顾不上树形，待来年树势不再过旺时，以中庸树思路修剪；弱树通常要大量剪除树枝，尤其是要去掉弱枝。

实际上作为生态种植，考虑到病虫为害，以及营养供应不及时的问题，我们应将果树树势维持在中庸偏旺的水平，适当的逆境会让果树在生长季达到中庸。修剪适当加重，果树则偏旺，因此上述三种树势的修剪都应该适当加重，也就是适当多剪掉几个枝条。为了减少后续的疏花疏果的劳动付出，除了考虑树势，还要考虑花芽并根据其数量修剪。这需要有一定的生产经验。在冬剪的时候用剪子疏除大部分花，一次剪一枝花可要比开花后一个一个疏除快得多。

六、品控

生态苹果品质经常涉及的指标是农残、风味、营养、外观，这些指标很大程度上决定了产品受欢迎的程度。那么怎么做到高品质呢?这就涉及品控问题。品控分为两部分:生产中和生产后。

上述五个方面就与生产中的品控密切相关。首先,我们要用非化学的方式解决病虫害和肥料问题,在不引入农残的同时,提高果实风味。在花期用微生物制剂,可以减少霉心病的发生,这个病害通常只在果核附近引发霉变使果味发苦,表现不到外观上,到了客户那里食用时才会发现问题,这样就给自己增加了许多客服压力和经济损失。上述有机物的大量投入,意味着丰富多样的营养物质来源,除了提升果实的矿质元素含量外,也会刺激果树产生丰富的次生代谢物,使苹果更为香甜。但切忌为追求产量而一味加大含氮量较多的农家肥或饼肥等的施用,缺氮则补、不缺则控,这样才能避免其影响口感。风光条件对果实品质的稳定性有较大影响,一棵郁闭的果树果实整体口感是不会好的,见光的枝条果实口感尚可,不见光枝条果实的着色和口感都不理想,这样就会造成产品掺假的错觉。而实际上立君果园的风光条件非常不错,这样的问题也相对轻很多,但还是经常收到这样的投诉,所以对此要下足功夫。细弱枝条易形成花芽,但长的苹果个头小口感差,一般不能作为商品果卖给消费者,属于空耗营养而不能形成有效产量的枝条,所以修剪过程中要除掉过弱枝条,将营养供给给更合适的枝条以形成品质较好的果实。

生产后的品控问题也非常重要。主要集中在采摘、运输、存放、包装、售后沟通这些环节上。为了让苹果成熟度较高,采摘时间应延后。立君果园红富士的采摘时间一般集中在10月底到11月初,通常老树和盛果期的果树果实的成熟时间早一些,会首先采摘;而盛果期前的幼树和有机改造年份少的果园里的果树成熟较晚,放在最后采摘。采摘容器要垫草垫布防止划伤苹果,采摘过程也要轻拿轻放。运输入库途中选择平整道路,放慢车速,避免颠簸。入库要注意在箱内放保鲜膜,以免储存过程中失水皱缩。对于糖度15以上的苹果,储存温度调整在-2~0摄氏度,既不会冻坏,又可以保证果实的新鲜度,延长可发货时间。

包装方面,首先包装箱要有一定的强度。不同规格的苹果定做不同的包装箱，箱子尺寸与果子直径匹配度应较为严格，以免路途晃损。随着市场要求的提升，2017年我们的挑选标准最为严格，入库前大约筛除20%，出库包装又筛除30%，将外观较差、口感不佳（视觉判断）、斑点较多的果子都选出不发货。我也找到一位同事专门为此做出合理的标准要求，并不断完善，相信精品才会让消费者更为享受和信赖。由于我的时间一般花在种植上，所以售后工作参与得越来越少，但近期发现，作为一个种植者，如果不能与消费者直接沟通，就不能做出充满灵性的调整，也难以让产品直达人心。所以虽然我们有专门的客服，我还是找出许多时间与客服一起处理售后问题，也会主动随机联系客户，回访交流，记录大家关心的问题和新提出的建议。这样的售后工作会让我们与市场需求结合得更好。

希望这里的实践总结对大家有点儿作用，我们的苹果还有许多环节需要细化改进，特别是要按照果园生态以及消费需求变化而做出改变。因此在实践阐述之余，还是希望我的做法对您来说仅仅是参考而非定式。有一些销售平台会问我：有个农场说是按照立君的方式种出来的苹果，真的可靠吗？我的建议是：我自己的种植方式也发生着剧烈的变化，还是先别管是否是按我的方式种植的，按照应有的方式考察，会对自己和消费者更为负责一些。也就是说在这个不断发展变化的时代里，从某些角度参考别人的做法和观念即可，每个人都应该有独立的理解和思维，给自己的产品独一无二的定位，去填补市场的相应空缺。随大流是没有生命力的疲惫奔跑。最后，愿每位同人都可以做得舒适、活得饱满。

小结与讨论

立君果园的管理方式，有很多农场主个人的特点，是农场主对于农业生态的认识的应用，从文风可以看出，作者非常朴实而自信，因为他的技术来自于对自然规律的观察认识，并且在实践中得到了证实。正如作者所说，农业没有标准的技术模式，别人的做法只能是启发，我们需要独立思考，根据自身的条件，找到最适合自己的模式、技术和产品定位。

建立生态循环体系的两个误区

郝冠辉

关于农业生态系统的物质能量转化体系,系统元素越丰富,物质转化效率越高,生态系统稳定性越好,产出也越大。于是,就有很多农夫朋友一开始就朝着一个复杂的农业体系去打造。然而,我们应该清楚建立一个农业生态系统没有一个标准的模板也没有一个终极的状态,它也不是一蹴而就的,更重要的是生态农业系统必须是经济性、生态性、社会性的统一,它永远处在一个动态平衡中。从当前生态农场的实践情况来看,大家容易走入两个误区。

一、系统复杂程度过高

记得三年前,我去云南看一位返乡青年,那时候她正处于焦头烂额的状态。返乡的头两年她尝试了几乎所有能够做的事情:用生态的方法养殖土猪,最后没有市场,只好当普通猪卖,猪贩子又嫌猪太肥,只好又用饲料喂了三个月才便宜卖掉。为了养殖土猪,又种植生态红薯、玉米等,最后都是没有市场,便宜卖掉了。而她本身最想做的事情种植香草,也因为事情过多和天气的原因,没有什么产出。

当时我问她为什么要做这么多,她说生态农业就是要建立循环体系。我问她,你认为稻田养鸭算不算生态农业?她说不算。其实我这么问是有原因的，因为同样和她一样返乡两年的一位湖南农友那个时候基本上已经算是有了一点小成绩了。为什么会差别这么多？其中一个很重要的原因就是，湖南农友返乡的两年都在专注地做稻田养鸭这样一个简单的循环体系。

这是一个非常常见的误区，一提起生态农业，很多人就会想到要养很多动物，种很多作物，建立一套复杂的循环体系。其实这是很多人做生态农业失败的根本原因。因为系统越复杂，投入越大，维护它需要的人工成本也越高，维持一个系统的平衡也越难。

在科学研究上，生物圈二号和生态球是两个非常极端的例子。

生物圈二号，投资1.5亿美元，耗时8年建成，占地12000平方米，集结了当时最新的科学和世界上最优秀的生态学家的心血，试图模仿地球建立一个封闭的生态系统，里面有1000多种生物，由生态学家们通过长长的物种清单来梳理他们之间的搭配。经过两年的试验，最后确认生物圈二号失败，无法自行达到平衡。

图1-13是一个小小的生态球，同样也是一个封闭的生态系统，但是这个生态系统里面只有小红虾、藻类、细菌和经过过滤的海水。这个系统的生态循环方式如图1-14所示。

图1-13　生态球

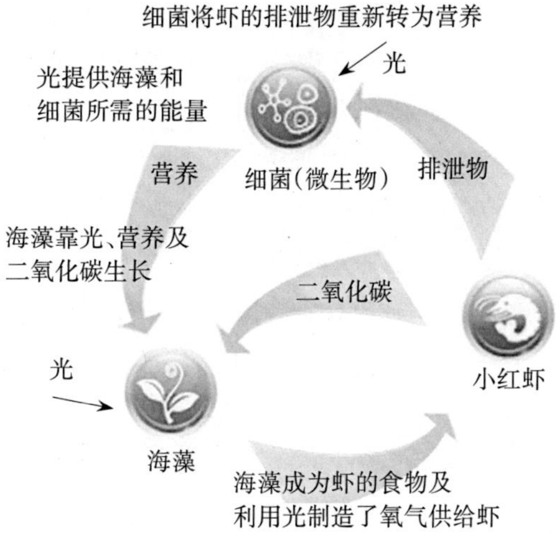

细菌将虾的排泄物重新转为营养
光
光提供海藻和
细菌所需的能量
营养
细菌（微生物）
排泄物
海藻靠光、营养及
二氧化碳生长
二氧化碳
光
小红虾
海藻
海藻成为虾的食物及
利用光制造了氧气供给虾

图1-14　生态循环方式

这个简单系统不需要任何打理,只需要一些光照就可以维持2年以上,甚至10年的时间。这样的一个生态球,造价非常低廉,任何人都可以买来作为桌面上的装饰。

没有人怀疑这个生态球是一个循环系统,就像生物圈二号一样,但是它简单很多,也稳定很多。就像生态农业里面的稻田养鸭一样,事实上我一直认为稻田养鸭是生态农业的典范,稻和鸭之间有着诸多的协同作用。稻田给鸭子提供食物,鸭子给稻田提供肥料。重要的是这一切都是自动发生的,你不需要专门把草割下来喂鸭子,也不需要把鸭子的粪收集起来再给水稻施肥。

在部分列举的生态循环体系里面,有简单系统也有复杂系统,每个地方的情况不同,我们不好评判简单系统和复杂系统到底哪个更好。一般来讲,简单系统比较容易维护,产出也比较简单。复杂系统维护起来相对成本较高,但是产出也比较多。但是为每一样产出找出一个相应的销售通路,是非常不容易的事情。所以,对于人力资源有限的小农场来讲,我们建议系统越简单、越节约人工越好。

二、误以为生态农业不需要任何的外来投入

“我们做的是不需要任何外来投入的农业”,这是我们在拜访一些生产者的时候常常听到的。尤其是推崇自然农法的朋友最常讲这句话。这样的生产者最后的产量往往是非常低的。虽然在理想情况下,一个封闭的循环体系是可以做到的,但是这个基础是,没有任何产出输出到这个系统之外。

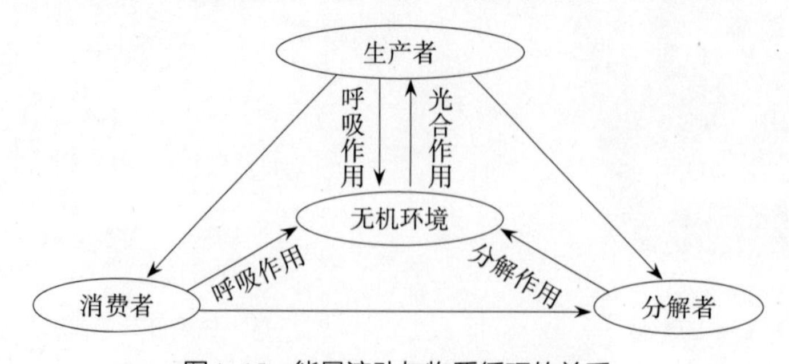

图1-15 能量流动与物质循环的关系

从图1-15我们可以看出，完全闭合的循环要求消费者把它的遗体和粪便都还回这个系统，才能够维持一个最终的物质循环的平衡。

显然，这是我们目前的农业系统不可能实现的。因为我们的产品通常要卖到遥远的地方，消费者吃完这些产品产生的粪便是没有办法重新回到田里的。所以一个系统只要有物质的流出，就必须有另外的投入。

当然，在自然农法里面水稻田是比较容易实现不依赖外部投入的，因为之前分析过水稻流出的通常只是稻米的部分，稻米的部分大多数是碳水化合物和蛋白质。碳水化合物属于能量部分，蛋白质里面的氮，是可以通过种植绿肥等方式补充的。（绿肥的种子也是投入物）但是从长远来看，还是要补充一些因为稻米从这个系统流出损失掉的其他矿物质。

所以，农业是一个开放的生态系统，对于生态农业我们要抱有客观、严谨的态度，一个系统如果有输出，那么必定有输入。

就像特石农场的那张循环图一样，我们要很清楚，在农场生态系统里面，我们要输出什么，这些输出的物质能量，我们要输入什么来补充。

三、小结

生态农业生态系统与自然生态系统有相似性，又有不同，它是由人参与并且受人类社会影响的生态系统。一个生态农夫，作为这个系统的管理者，一方面需要能够结合本地和自身的资源条件、气候背景及其变化设计一个稳定高产的生态系统，另一方面也需要考虑市场和社会需求，使得农场的产出与之相适应。因此，一个好的生态系统是处于动态平衡之中的，是可以灵活变动的。而什么是最适合的生态系统呢？一个简单的办法就是，先从一个简单的系统开始，不去想它最终会是什么样子，仔细观察、经常总结，根据条件和需求变化，遇到问题解决问题，一步步搭建和调整，这样就是最好的！

本章好书推荐

1.《农业生态学》(第3版)

主编:骆世明

出版社:中国农业出版社

农业生态学是运用生态学原理和系统论的方法,研究农业生物与其自然和社会环境的相互关系的学科。在当前资源、生态、环境问题突出的背景下,农业生态学应当且能够为农业的转型提供强有力的理论和方法支撑。

该书主要介绍农业生态学的基础原理、生态农业技术模式和生态农业的社会管理。其中关于农业生态系统的结构与功能,调节及控制机理的原理介绍,对于我们从原理上充分理解各类农业技术模式和方法,并应用到自己的实践中很有帮助。本书最后一篇还从农业发展的过去、现在与未来深入剖析农业发展与生态关系的经验和教训,并阐述了我国生态农业的发展道路与推进战略。

2.《生态农场纪实》

作者:蒋高明

出版社:中国科学技术出版社

《生态农业纪实》是一群科研工作者放弃空谈,进行了关于生态农业实践的成果。他们用数据呈现给我们令人振奋的成果:生态农业不仅能彻底解决粮食安全问题,还能让退化的土壤的生态环境休养生息。蒋高明带领他的团队在一个科研型的生态农场,在不用农药、化肥、除草剂、添加剂、农膜、转基因技术等的前提下,三年的时间把农民手里的低产田变成了高产田。该书是整个过程的记述与总结,其中不乏可操作的实用技术说明,给各位实践者提供一个模范案例和启示。另外,书中对于当前农村、农业、农民现实情况的调查与研究也给我国“三农”问题的解决提供了一种解决方向与方案。

3.《四千年农夫》

作者: 富兰克林·H.金

译者: 程存旺、石嫣

出版社: 东方出版社

1909年前后,富兰克林·H.金考察了中国的农业,总结出中国、朝鲜和日本的农业经验,1911年写成了《四千年农夫》一书,记录了东亚农业生产者真实的生活环境,讲述了东方各民族好的耕作方法。书中指出,中国农耕历经四千余年,土壤肥沃依旧,且养活了数倍于美国的人口。他认定,东方农耕是世界上最优秀的农业,东方农民是勤劳智慧的生物学家。如果向全人类推广东亚的可持续农业经验,那么各国人民的生活将更加富足。

堆肥与土壤改良

实践出真知

——回到技术的原点学习技术

彭月丽

从前文我们已经了解到各种不同的农业模式里相同的是对土壤健康的重视，从土壤的角度看，不同模式其实是不同的土壤改良方案。接下来，本章就更深入地看什么是健康的土壤，土壤改良的关键是什么，堆肥为什么可以改良土壤，以及如何根据在地农场的状况制作好的堆肥。

介绍土壤改良不得不首先介绍池田秀夫。他1997年退休以后来到中国，自此便把大多数的时间花在了中国，花在了对中国土壤、农业状况改善的研究上。20多年来，他经常走在中国的乡村，和很多年轻的农民在一起，花了很多精力研究、实践和推广堆肥技术。池田秀夫提出的堆肥技术，由他本人多年的研究实践体悟，总结而成。既有中国传统技术精髓的传承，又有现代新的技术认知，池田秀夫传授堆肥技术主要通过线下工作坊，理论结合实践，2018—2019年，与沃土可持续农业发展中心一起在全国9个省市发起的乡村田间学校，开展了30余场工作坊。他认为当今农业问题的根源就在于土壤环境的恶化，实现农业的可持续发展的关键是修复土壤，堆肥是最有效率的修复土壤的措施，通过他的文章，可以看到其中的历史逻辑与技术思路精华。

本章还引用了有机农业的开山之作霍华德博士的《农业圣典》中关于土壤和腐殖质的观点，以及广东省生态环境与土壤研究所陈能场研究员的关于什么是健康的土壤的解读，辅助大家理解土壤与腐殖质（有机质）。

“一方水土养育一方人”,土壤也一样,不同气候环境、不同土壤、不同农场规模下,堆肥材料与工艺也会有所不同,我们选择了3个不同区域中小规模农场堆肥案例供大家参考。山东菏泽的咱家农场作为小型家庭农场的代表,利用家养畜禽粪便与植物秸秆制作低投入的自然堆肥,小柳树农园和银林农场作为中等规模的生态农场,各有特点。各个农场的堆肥案例详细介绍了材料选择、堆肥设备与工艺、施用办法与成本分析。

堆肥是生态农业中非常关键的一环,大家在实际操作过程中切忌生搬硬套,一定要回到技术的原点去学习技术,充分理解堆肥制作的原理,以人为镜,结合自身农业系统条件(有机物资源与作物种植情况),边实践边提升,研究最适合自己的堆肥技术模式。

农业的历史变化与土壤环境的变迁

池田秀夫①

导读：作物的品质取决于土壤的健康状况，健康的土壤才能培育健康的作物。作者从历史的角度，让我们看到各种农业形式变迁的背后是土壤环境的变化，也带我们看清我们目前所在的起点和目标，及实现可持续农业的逻辑和路径。

一、前言

现代农业正面临着“可持续发展”这一重大问题。可持续发展的问题过去从未有过，它表明土壤环境的恶化正在变得越来越严重。

现代农业开始于20世纪60年代，农业开始引入化学肥料后，在提高产量与减轻劳动力负担方面取得了显著成果。但是另一方面，因为不使用堆肥，土壤中腐殖质与微量元素的消耗增大，所造成的恶劣影响变得越来越明显。为了改变这一状况，叶谦吉在20世纪80年代提出了“生态农业”的概念。几乎开

① 作者简介：池田秀夫，日本福冈县人，1935年生，1997年来到中国，在山东大学学习汉语，后到山东农业大学学习研究中国农业，走访中国南北各地考察农业问题，并研究解决对策，推广生态农业。首次提出“土壤改良型堆肥”的概念。2010年2月，获得中华人民共和国国家外国专家局授予的外国专家证书（类型：经济技术类）。一位80岁的日本老人，怀揣一颗保护土地、帮助农民之心，20年间，行走在中国乡村的田间地垄之间，传播与推广土壤改良与可持续农业的理念与技术，曾被授予“山东省政府齐鲁友谊奖”，他经常不取分文在民间传播土壤改良与可持续农业技术，被称为可持续农业的“白求恩”。本文成文于2017年左右。

始于同一时间的有机农业,都只是有名无实,并没有创造出实际成果。因此,土壤环境至今仍在恶化。以上就是农业"可持续发展"为什么会成为一大问题的背景。

农田的土壤环境根据管理方法的不同存在着巨大差异。管理方法的好坏,会使得贫瘠的土壤改良为沃土,或者沃土变成贫瘠的土壤。

本文立足于土壤环境受管理方法所左右这一点,来探讨农业的历史变化与土壤环境的变迁这一问题。

二、农业的历史变化

农业在历史上曾经有过两次重大变化。第一次是四千年前堆肥的发明,第二次是20世纪60年代化学肥料的引入。

近年来,引入化学肥料后,惯行农业土壤环境的恶化越来越严重。为了改善这一状况,中国各级政府非常重视,出台很多相关政策法规等,支持生态农业发展,民间也有很多机构或个人尝试推行新型有机农业(生态农业),有些地方也开始尝试自然农业。

1.堆肥的发明

古代农人发明的堆肥,对实现农产品的生产与消费的完全循环做出了很大贡献。因此,在化学肥料引入前的四千年里,有机农业(以下称为传统有机农业)一直持续发展至近代。

2.化学肥料的引入

化学肥料有速效性和便利性,引入之后迅速普及,在提高产量与减轻劳动力负担方面做出了巨大贡献。而另一方面因为不再使用堆肥,土壤有机物(腐殖质)消耗加快,土壤环境日趋恶化。

此外,近代社会的发展也给土壤环境恶化带来影响。农产品的生产地与消费地越来越分离,导致越来越多的有机物无法返还农田,循环型农业失去了基础。这样的非循环型农业在持续消耗土壤的地力,终有一天土地会无法产出。

3.化学肥料引入后农业的变化与现状

如上所述,化学肥料引入后的惯行农业,明显不具备可持续发展的能力。目前各方面都在探索新的农业模式。

(1)惯行农业(化肥、农药)

这依然是现代农业的主流,现在依然在研究开发可以减轻化学肥料与化学农药(以下简称农药)危害的资材与技术。但是依靠它们彻底改善腐殖质枯竭的土壤环境的可能性可以说微乎其微。这是化学肥料引入后的历史告诉我们的。

顺便说一句,想要恢复因腐殖质枯竭而恶化的土壤环境,最自然合理的方法就是让腐殖质再生。如果现在不立即寻求最根本的解决方法,事态一定会变得愈发恶劣。

20年来,结合笔者制造堆肥与进行土壤改良的经验,以及在此期间的见闻,对于目前土壤存在的问题现主要归纳如下。

物理性:腐殖质的枯竭导致土壤单粒化(板结)。土壤排水性、透气性、保水性恶化。土壤利用率降低(作土层15~20 cm),阻碍作物根系的发育。

生物性:微生物多样性衰退,病菌虫害增加。

化学性:微量元素消耗,保肥力下降。

(2)现代有机农业(无化肥、无农药)

现代有机农业是为了改善惯行农业恶化的土壤环境而出现的,对化肥与农药的使用有所限制。它与拥有四千年历史的传统有机农业有着很多不同之处。

①传统有机农业时代土壤还很充足的腐殖质、微生物与微量元素已经消耗殆尽。

②生产出来的有机物几乎没有返还田地,属于“非循环型”农业。

③现在市面上流通的堆肥多以家畜粪便为主,高碳氮比的有机物较少。

现代有机农业就是在上述的不利条件下进行的。而且,它所施用的堆肥无论质与量均不能满足需要。很多都没有取得有机农业应有的成果。

其中一个重要的原因就在于,对有机农业和有机肥料的认知有问题。笔者在与很多有机农业者的交流中感到,他们深深相信,只要叫有机肥料这个名,不论里面有机物的含量与品质,就是有机肥料,而施用了这种肥料的农业就是有机农业。这样的有机农业是不会取得成果的。

(3)自然农业(无肥料、无农药)

自然农业的模范就是自然林。在这里,植物不用施肥和喷洒农药也能健康生长。自然林的土壤是由树木的残枝落叶堆积后经过分解与发酵得来的腐殖土,里面含有充足的腐殖质、微生物与微量元素。因此植物在健康生长的同时,落枝和落叶也在实现着完全循环。

一些地区正在试行的自然农业,其关键在于通过在农田里再现自然林的腐殖土,以求生产出无肥料无农药的健康作物。

三、各种农业模式下的土壤环境

农地的土壤环境因所施用的肥料种类的不同而异。

1.化学肥料与堆肥的功能比较

化学肥料可以改善土壤的化学性(养分),但对物理性、生物性没有改善能力。而堆肥则对土壤的物理性、生物性和化学性都有改善能力。(见表2-1)

表2-1　化学肥料和堆肥的比较

	养分(N、P、K)	腐殖质	微生物相	微量元素	土壤
化学肥料	有(多)	无	无	无或少	不健康
堆肥	有(少)	有	多样	多	健康

2.各种农业与土壤环境

从传统有机农业到自然农业等各种农业的管理方法及其制造的土壤环境可以概括如表2-2。

表2-2　各种农业与土壤环境

农业模式	管理方法	土壤环境	农业的可持续性
传统有机农业	堆肥、无农药	生产物完全循环，三要素丰富	有
惯行农业	化肥、农药	生产物非循环，三要素消耗	无
现代有机农业	无化肥、无农药、部分有机肥	生产物部分循环，三要素不足	困难
自然农业	无肥料、无农药	生产物等可供给，三要素丰富	有

注：三要素指土壤三要素（腐殖质、微生物与微量元素）。

四、土壤环境的变迁

这一部分内容将以土壤健康度与时间为轴，动态地展现各种农业模式的历史变化与土壤环境的变迁（见图2-1），借此来明确土壤环境的变迁经过与现状的关系。在此基础上进一步探讨土壤改良时，起点与目标的关系也会因此变得明确。

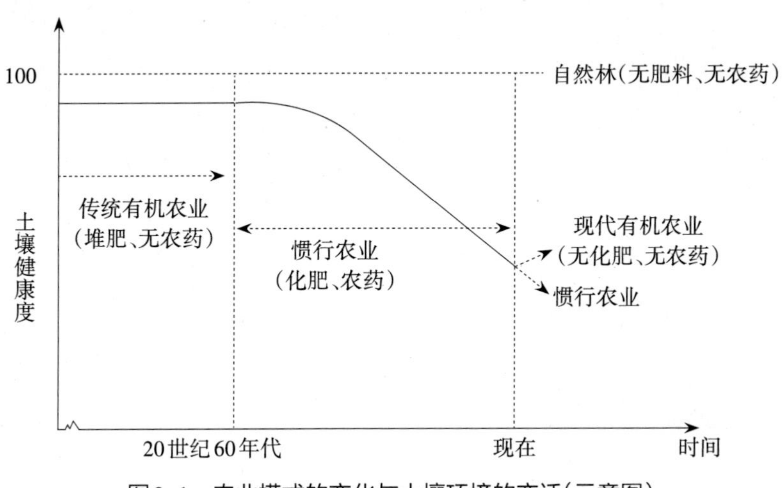

图2-1　农业模式的变化与土壤环境的变迁（示意图）

注：1. 土壤健康度以自然林的土壤环境（腐殖质、微生物、微量元素）为100时的含量比表示。

2. 惯行农业的土壤健康度普遍偏低。部分施行惯行农业的农田正在对恶化到难以进行正常栽培的土壤进行替换。

五、各种农业模式中作物的品质

作物的品质由土壤环境所决定。

自然农业的土壤环境是自然林腐殖土的再现,是极其健康的土壤。传统有机农业是“自产·自消”的完全循环型农业,其土壤环境接近于自然农业。

与此相对,惯行农业则是非循环型,腐殖质、微生物与微量元素的单向消耗持续五十余年,现状是土壤健康度十分低。

现代有机农业是以改善惯行农业下恶化的土壤环境为目标开始的,而现状是已经恶化的土壤环境取得根本改善,而且,施用的堆肥质与量均不能满足需要。因此,多数都没有取得有机农业应有的成果。

各种农业模式与作物的品质的关系如图2–2所示:

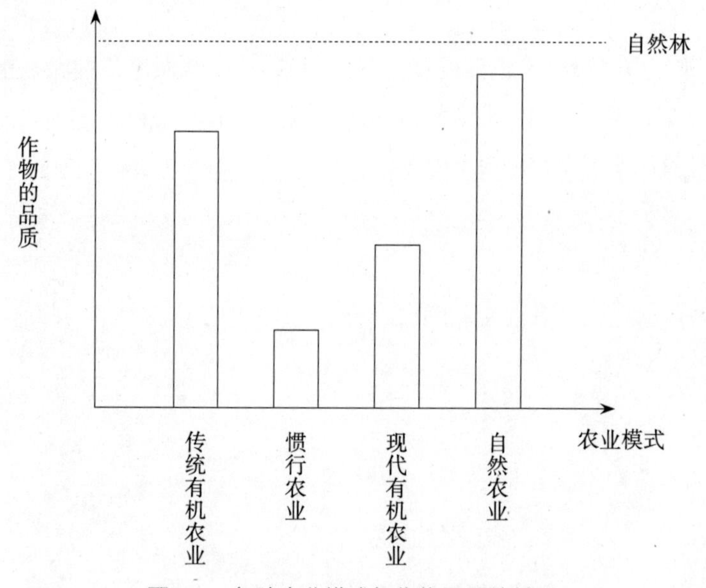

图2–2　各种农业模式与作物品质的关系

小结与讨论

从历史的宏观变化看现状,我们更加明确土壤的健康才是农业可持续发展的根本,修复土壤的关键是有机物循环回大地,实现土壤腐殖质、微生物和微量元素三要素的丰富和平衡。

健康的土壤该是什么样子

陈能场[①]

导读：理想的土壤中，固体占50%，空气和水分各占25%。固体中矿物部分占45%，余下5%的有机质中，各种活动的生物有机质占10%，根系有机质占10%，已经转化为稳定的高分子的“死的”有机质占80%左右。

在这些组分中，能够影响土壤健康、人类能调节的土壤部分自然是有机质，有机质是土壤活力的核心。

最近走访到两个典型的案例。第一个案例是意大利的一个葡萄园，园龄16年，曾经是块烂地。园主是个70多岁的意大利农民，独自管理着3公顷的土地。到访时满园挂满葡萄，同事数过一株，多达60串，园主称最重一串达6公斤。收获时让销售商自采，约70%销售，而余下30%的葡萄连同落叶等埋入园中作为肥料。

第二个案例是国内顺德的一个菜地，在顺德这个曾经的鱼米之乡，一块二三平方米的菜地竟然生产不出三四斤的菜！

前者土壤极为疏松，轻轻一挖，可以看到充满活力的葡萄根，捧起土壤一

① 作者简介：陈能场，广东省生态环境技术研究所研究员。1991年获中国科学院南京土壤研究所理学硕士学位，2000年获日本鹿儿岛大学农学博士学位。1995年至2002年先后在香港科技大学研究中心、日本名城大学先端技术研究中心、香港城市大学生物及化学系工作。2002年5月至2004年4月于日本鹿儿岛大学任日本学术振兴会外国人特别研究员，2005年作为高级人才被引进到广东省生态环境技术研究所（原广东省生态环境与土壤研究所）工作。微信公众号“土壤观察”“土壤家”“环境与健康观察”主编，广东省第一届科学传播达人。

闻,有种芳香,在一小撮的黝黑色土壤中,可以看到很多白丝状物质;而后者土壤极为板结,拔菜苗时,要么在菜苗根土接触位置折断,要么整个土块带出,用力敲碎后,主根系竟然长不过5厘米!

虽然目前的判断还只能依靠外观,但两块地的土壤的差别让我极为感慨,让我思考健康的土壤该是什么样子。

一、理想的土壤构成

大家知道土壤由固体、空气和水分所组成,固体部分最主要来自其发育的岩石母体的原生和次生矿物颗粒以及生物(动植物和微生物)活体和残体留下的有机质。

理想的土壤中,固体占50%,空气和水分各占25%。固体中矿物部分占45%,余下5%的有机质中,各种活动的生物有机质占10%,根系有机质占10%,已经转化为稳定的高分子的"死的"有机质占80%左右。

在这些组分中,能够影响土壤健康、人类能调节的土壤部分自然是有机质,有机质是土壤活力的核心。无怪乎出版于1911年的《四千年农夫》的作者将中国历经数千年的耕地肥力依然高于美国未开垦的土地的原因,归结于轮作、绿肥、河泥回填、农家肥施用等精细化的土壤养护和管理。

二、有机质是土壤活力的核心

有机质本身就是养分的储藏库,同时深刻地影响土壤的物理、化学和生物学性质。假设某一土壤表土有机质含量4%,有机质氮含量5%,一季作物中有机质分解率2%,则土壤有机质供应的氮可达80公斤/公顷,此供应量几乎可满足大部分作物之需求,据估算,1%的土壤有机质相当于每亩含有18公斤养分。

同时,土壤有机质是衡量土壤保肥能力的阳离子交换量(CEC)的主要贡献者,高达50%~100%。因此有研究表明,土壤中的有机质从2%降低到1.5%,土壤的保肥能力将下降14%。

此外,土壤有机质深刻影响水分的存储。一英亩大(约合6亩)、一英寸厚(约2.5厘米)、含2%有机质的土壤储水量可达12.1万升,含5%有机质和含8%有机质的土壤分别可储水30.3万升和48.5万升。研究表明,土壤有机质从1%升到3%,土壤的保水能力增加6倍。

当然,土壤有机质也深刻影响着土壤的质地和结构。丰富的有机质下,土壤可以形成稳定的大量的有机无机复合体,具有良好的土壤结构,不仅抗土壤侵蚀,也为根系提供理想的水分和空气条件。

最主要的是,土壤有机质是土壤中各种大大小小生物的碳源和能源。丰富的有机质下,土壤中自然形成庞大的食物网,构建健康的生态系统,这个庞大的生态系统是土壤活力的来源,从养分转化直到病虫害控制,都起着极为重要的作用。

有研究认为,一个理想的土壤生态系统中,每平方米的土壤含脊椎动物1只、蜗牛和蛞蝓100只、蚯蚓3000只、线虫500万只、原生动物100亿只、细菌和放线菌10万亿个。这些动物组成一个食物网金字塔,这些生物一年中生物量总和达400~470公斤/亩。

三、是我们保护土壤的时候了

在以高产为目的的现代农业的耕作体系下,土壤状况已经和理想土壤越来越远,无怪乎我们看到了曾经是鱼米之乡的顺德有数平方米种不出几斤蔬菜的土地。

对照以上理想土壤的条件和应该有的有机质含量、土壤生物网,我们现在的土壤距离有多远呢?新闻报道称:“全国年均损失耕地百万亩,东北一些黑土层流失殆尽”,很令人痛心。《四千年农夫》告诉我们,祖先为我们养护了最好的土壤,而无论科技多么发达,此后的子子孙孙也还需要依靠这片土地繁衍生息。

我们应该深深感到,是时候保护土壤了。

小结与讨论

土壤有机质不但是植物不可替代的养分来源,也影响着土壤结构质地和土壤保水、保肥性,更是土壤中各种大大小小生物的碳源和能源。丰富的有机质下,土壤中自然形成庞大的食物网,构建健康的生态系统,这个庞大的生态系统是土壤活力的来源,从养分转化直到病虫害控制,都起着极为重要的作用。

土壤健康与腐殖质

——《农业圣典》关于土壤的一些观点

导读:《农业圣典》是公认的有机农业的开山之作,同时也是一部集大成之作,它包罗了土壤学、作物学、植物病害、环境科学等众多学科。作者在深入研究东方长期农业实践后总结提出的“混合种植”“种养平衡”“肥力保持”等观点为后续世界范围的农业转型和农业可持续发展指明了基本方向。贯穿全书的核心部分即印多尔堆肥工艺则为世界范围堆肥工业化奠定了科学基础,而有关动植物健康乃至人类健康的论述则把传统农业的价值提升到整个社会的繁荣、可持续发展的高度。毫不夸张地说,作者霍华德提出的围绕“土壤健康”的整个农业思想对当今的土壤治理、水土保持、病害控制、可持续农业、食品营养、人类健康等均具有深远影响。

一、生长在健康土壤中的植物更加有抵抗力

生长在健康土壤中的植物比生长于贫瘠或成分比例失衡的土壤中的植物更具有抗病能力。人们对这一发现未免会大惊小怪。还有一些人则会很难理解以下现象:为什么害虫有时专攻击弱小的植物,反而放着健康强壮、郁郁葱葱的“美餐”不去享用呢?以上两种情况有着直接的联系。

当土壤处于营养平衡的良好状态时,通常病虫害的发生率低。实际上,土壤的抗病虫害的能力可以看成是土壤自身的免疫力。当土壤缺乏必要的营养或营养失衡时,植物病虫害的侵袭就会猖獗起来。这或许就是自然界铲除不受欢迎植物的天然方法吧!

由此人们不难得出如下结论:这种关系很像人类健康。当身体处于良好的平衡状态、免疫系统健全时,就能够抵御许多疾病,如普通感冒;而当身体疲惫、劳累、虚弱时,就很容易染病。那么,怎样才能让身体保持良好的平衡状态,具备较强的免疫能力呢? 食用正常成熟于营养均衡土壤上的、益于身心健康的食品与此密不可分。因此,土壤健康与农作物的健康、土壤健康与农作物的消费者——人类的健康息息相关。由此看来,土壤健康与人类健康的关系已经显而易见。

二、什么是土壤肥力

土壤肥力是指富含腐殖质的一种土壤条件,有了它,植物会生长得快速、稳定和高效;它也意味着丰产、优质、抗病等。一片土壤,当它长出完美的小麦时就是肥沃的土壤;一片草地,当它生产出一级标准的肉和奶时就是好的土壤;一个生产园艺作物的地区,当其蔬菜质量最好时肥力也就达到了顶峰。

三、关于土壤腐殖质

腐殖质是一类深棕至黑色的无固定形状的有机复杂团聚体,它来自于好氧及厌氧条件下,在微生物作用下动植物残体的分解物,通常发生在土壤、堆肥、泥炭坑和水相盆地。从化学角度分析,腐殖质包括植物源的难分解的组分,正在分解的组分,经水解、氧化和还原降解产生的复杂物质,以及经微生物合成的不同物质。腐殖质是自然产物,也是一个复合体,就如同植物、动物和微生物一样。从化学成分上看,它甚至比我们人体还要复杂,因为所有这些生物均参与了腐殖质的形成。

腐殖质具备一些特定的物理、化学和生物性质,这使它与其他自然有机体区分开来。腐殖质本身或通过与一些土壤无机组分作用形成一种复杂的胶体结构,这些不同组分通过表面张力保持在一起。该结构体系能适应水分效应、电解质反应条件的变化，与此同时土壤中也发生着大量的微生物活动。

腐殖质的特征如下：

（1）颜色由深棕到黑色。

（2）基本不溶于水，只有部分可能存在于胶体溶液中。在被稀释的碱性溶液中可大部分溶解，尤其在蒸煮条件下会产生黑色浸出液。在碱性溶液中被无机酸中和后这些浸出物又会沉淀出来。

（3）腐殖质含有大量的碳，高于植物、动物和微生物，碳含量一般为55%~56%，经常会达到58%。

（4）腐殖质含有一定量的氮，通常为3%~6%，有时会低，如在沼泽泥炭中只有0.5%~0.8%，有时会达到10%~12%，如在土壤下层。

（5）腐殖质中碳氮比接近10∶1。该比值因腐殖质的性质、分解所处阶段、土壤性质及深度、气候和其他环境条件而有所变化。

（6）腐殖质不是静止不变的，而是动态变化的，因为它一直在由动植物残体形成着，也一直在被微生物分解着。

（7）腐殖质为众多微生物的生长提供了能量，并在分解过程中释放出了二氧化碳和氮。

（8）腐殖质还具有离子交换量高、与土壤其他部分结合程度高、吸水膨胀性好等特点，而且还具备其他物理及化学性质，为植物和动物生活提供了大量有价值的基质成分。

四、关于化肥对土壤的影响

李比希认为：土壤溶液中任何的缺素都是可以通过添加适宜的化合物来满足的。

这是对植物营养的彻底误解，是浅薄的，从根本上看是不健全的。它没有考虑到土壤的生命特征，包括菌根互作的作用，正是这种真菌桥把土壤和植株联系在一起。

第一,化学品永远不会成为腐殖质的替代品,因为大自然已经注定土壤必须是活的,菌根互作必须是植物营养中的重要一环;第二,这种替代品在肥力失去后肯定不会便宜,因为土壤肥力在任何一个国家都是最重要的资产。

小结与讨论

土壤健康与农作物的健康、土壤健康与农作物的消费者——人类的健康息息相关。土壤肥力对任何一个国家来说都是最重要的资产。腐殖质是土壤活力的核心,任何化学物质都不能代替,保持土壤的生命特征是保持人类健康的前提和基础。

堆肥对于土壤改良的价值

池田秀夫

导读：大家已经知道，有机质（腐殖质）是土壤活力的核心，堆肥就是高效率地集中生产土壤有机质（腐殖质）的方式。堆肥具体是如何对土壤改良发挥价值的？什么原料可以做堆肥？它们有什么区别？这篇文章将予以说明。

一、引言

从20世纪60年代起，随着化肥的大量普及，有机肥料的使用显著减少，随之而来的是耕地地力的下降，这大大影响了农产品的品质与产量。在没有地力的土地中生产出来的农产品不健康，易发生农药残留等问题，失去了作物原本的味道。

有机农业并非什么新兴产业。直到20世纪后半叶化肥引入以前，它还是随处可见的普通农业生产方式。特别是中国的堆肥更是有四千年的历史，在这期间，以施用堆肥为主的有机农业使得健康而富有地力的土地得以维持下来。却被以化肥为主的农业在不到50年的时间里消耗殆尽，造成了今天这样的严重状态。

恕我直言，之所以造成这种状态，是由于化肥引进后不施用堆肥造成的土壤有机物的枯竭。土壤的微生物因此衰退，微量元素的循环也会失衡。这种状态下的不健康土壤生产出来的作物当然不健康，不仅品质低下，病菌与虫害也持续发生。

二、化肥和堆肥

化肥具有肥料成分多、肥效大、速效性强等特点。另外,化肥是加工好的产品,方便施用,而且少量即可,劳动负担也小,优点可谓很多。但缺点在于它不含腐殖质。

尽管一般来讲,堆肥肥料成分少、肥效迟,但是它的优点在于含有腐殖质、氨基酸、维生素、微量元素等各种促进生物发育的物质。这是构成有机农业的要素。

堆肥的有效成分是有机物被微生物分解的过程中所产生出来的物质,尤其含有丰富的自然界的微量元素,这些成分是无机质的化肥所没有的。

化肥与堆肥的特性及效果总结如表2-3所示。

表2-3 化肥与堆肥的特性及效果

	养分(N、P、K)	腐殖质		微生物相	微量元素	土壤环境	作物品质
		营养	耐久性				
化肥	有(多)	无	无	衰退	无或少	不良	不良
堆肥1	有(稍少)	多	弱	稍多	少	稍良	稍良
堆肥2	有(少)	少	强	多	多	良	良

注:堆肥1由易分解性有机物制造而成;堆肥2由难分解性有机物制造而成 。

三、堆肥的重要性

健康的作物生长于健康的土壤,这是可持续发展农业的原点。作为健康土壤模范的自然林,其腐殖土是由落叶与落枝堆积、分解和发酵而成的。这里有着植物无须施肥即可生长的土壤环境,存在着丰富的腐殖质、微生物与微量元素。进行自然栽培的农田里,也拥有与自然林的腐殖土非常相似的土壤,无肥料、无农药就可以栽种出高品质的作物。上述两种土壤都是通过有机物的循环使得健康的土壤得以维持。

而在现代农业中,因栽培消耗掉的土壤养分中的大量元素N、P、K等,通过施用化肥进行补充。因此，来源于堆肥的健康土壤的三要素“腐殖质、微生物、微量元素”就会显著缺乏，土壤环境只会不断恶化。如果不能把从土壤中吸收、消耗掉的东西再返还给土壤，这样的农业是没有持续发展的可能性的。也就是说，使用化肥是无法完全补充消耗掉的全部养分的。

当今而论，因为不施用堆肥而失去的东西，通过施用堆肥来进行复原，是一种符合自然规律的切实可行的方法。同时，这也符合拥有几千年历史的传统有机农业通过施用堆肥来返还因栽培消耗掉的东西从而得以延续发展至今的这一历史事实。作物生产所消耗的东西，通过有机物堆肥化处理进行返还，是发展可持续农业的基础。

现在，农畜产业的残渣、排泄物等来自人类社会的“有机质废弃物”数量庞大。这既造成了资源的浪费，也带来了巨大的社会问题。其中大多数作为无用的垃圾被焚烧或者填埋处理了。这些处理掉的东西转而成了大气污染、水质污染等公害的重要原因，给社会造成了危害。这些有机质废弃物的堆肥化处理，具备从根本上解决上述问题的可能性。历史告诉我们，“来自大地的有机物全部复归大地”是最符合大自然规律的循环状态，对人类有益无害。只有当“土壤、植物、动物、人类”这四者组成一个健康的生物链，才能确保人类的健康。环境和健康状况得以改善了，人类所能享受到的利益才可能惠及子孙，福荫不可限量。

四、堆肥的作用和效力

堆肥具有明显的改善土壤的效果，主要体现在物理性、生物性、化学性这三大方面。各方面的概要如下：

▲物理性：通气性、排水性、保水性等。

▲生物性：土壤中的有机物。

▲化学性：土壤的化学成分（养分）、pH值（酸碱度）、CEC（养分保持力）等。

在改善土壤、推进健康土地的营造时，重要的是要优先考虑上述三个方面。具体来讲大体的顺序是,首先要好好调整土壤的物理性,在此基础上再考虑其生物性、化学性等。

(一)物理性的改善

有机物被微生物分解的过程中产生的腐殖质促进了土壤团粒化的形成,土壤中出现了大大小小的孔隙。能够产生以下效果(见图2-3,2-4,2-5):

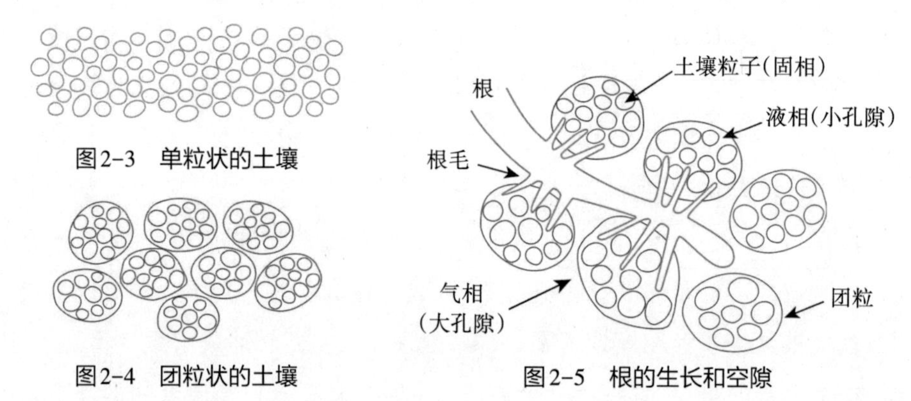

图2-3　单粒状的土壤

图2-4　团粒状的土壤

图2-5　根的生长和空隙

(1)通气性:通过大大小小的孔隙,供给作物根部以及微生物呼吸所必需的空气。

(2)排水性:水容易通过大的孔隙渗透到地下,消除过湿之害(烂根、空气不足)。进行灌溉时地表不会积水导致水分蒸发或流失,提高了水的利用率。

(3)保水性:小的孔隙具有保水作用,可以长时间供给根部水分,从而提高土壤的抗旱性。

(二)生物性的改善

以有机物为饵的土壤生物(微生物和小动物等)的种类和数量都大幅增加,生物相变得多样、丰富。有机物在这些土壤生物的作用下被分解成作物的养分。此外,在这一过程中产生出来的腐殖质的作用下土壤团粒化程度增加,土壤中形成了无数孔隙,为土壤生物生存创造丰富的空间。

(1)抑制病虫害:生物相多样化后,通过生物间的拮抗作用,病原菌等有害生物的增殖得以抑制。其结果是,病虫害的发生也得到了控制。

(2)生成生长促进物质:在微生物的作用下,产生出了氨基酸、维生素、酶等对提高作物品质有用的生长促进物质。

(3)促进土壤团粒化:微生物产生的黏性物质、排泄物、遗骸等成为土壤粒子的黏结剂,促进了土壤的团粒化。

(4)分解有害物质:微生物具有分解、净化有害物质的作用。

(三)化学性的改善

由于腐殖质和土壤中黏土粒子一样,具有养分保持力,所以施用堆肥可以提高土壤的保肥力,同时发挥肥效的缓冲作用。

(1)提高保肥力:可以提高肥料成分的保持力。被保持住的肥料可以根据作物所需缓慢供给,肥效因而增长了。

(2)缓冲作用:即使施肥过多,由于肥料成分可以暂时被保存起来,因而不会发生作物“肥害”。

(3)补充微量元素:来自植物等的有机质废弃物里除含有植物生长所必需的N、P、K、Ca、Mg、S等大量元素之外,还有很多微量元素,也包括人类尚不了解(化肥里没有的)的有益矿质元素等,这些通过施用堆肥被还回到土壤中。要想知道这样做的重要性,我们只要看一下下述现象便会一目了然:自然林通过光合成的碳水化合物以及根部吸收来的养分、水分来供植物生长之用,同时还从落叶、落枝堆积在地上形成的腐叶土中吸收养分来进行扩大再生产(生长)。

(四)补充日照的不足

最近的研究结果表明,堆肥除了具备上述的改善效果之外,还具有直接从根部吸收水溶性碳水化合物(氨基酸等),来促进作物健全发育的作用。以往的学说中有个定论,认为植物的根只能吸收氮、磷、钾等无机质养分,而不能吸收有机质的碳水化合物。

众所周知,植物是通过光合作用制造碳水化合物,从而生成机体组织,得到生长所需的能量的。因此,光照少的话,光合成就迟缓,植物无法健康生长。但是,如果“能够从根部吸收碳水化合物”的话,因日照不足导致的光合成的迟缓就可从根部吸收的碳水化合物得到补偿。这是部分农业工作者周知的事实,即施用了堆肥的有机栽培,在凉夏或天灾之年也不太受日照不足的影响,品质、质量都较化肥栽培的优异的事实也已经得到了科学的论证。

五、土壤的三相分布和根的作用

在借助堆肥改良土壤的过程中,重要的衡量指标是“土壤的三相分布”,即土壤中的土壤粒子(固相)、土壤水分(液相)、土壤空气(气相)的比例。

对作物和微生物来说,比较适宜的三相分布约为固相40%、液相30%、气相30%。液相和气相都表示土壤中孔隙的含量,液相表示的是保持毛细管水分的小孔隙的量,而气相表示的是具有促使空气流通及排水作用的大孔隙的量。

大多数作物的根喜欢的气相率为30%~35%,这和根部的作用有关系。作物的根是钻大的孔隙生长的,因此根系非常发达,为了吸收氧满足旺盛的生长活动,必须确保充足的大孔隙。这些根所延伸处,都会接近那些蓄满毛细管水的小孔隙,而进入到里面吸收水分的就是根的前端不断滋生的根毛,根毛能够进入极小的小孔隙中。

另一方面,施入土壤中的肥料,先暂时保存在土壤粒子中的黏土粒子及土壤的腐殖质里面,然后逐渐溶解到土壤毛细管中的水里,这才跟水一起为根毛所吸收。此时,养分通过作为液相的毛细管中的水分,向根部移动,而作物会使根部扩张,向着有养分的地方靠近。这样,通过十分发达的大孔隙、小孔隙以及茁壮生长的根、根毛的相互作用,水分和养分被顺利吸收了。

另外,光合作用产生的碳水化合物和作物根部吸收的氧会使作物的根部产生根酸。根酸的分泌使根部周围的不溶性矿物质溶化而得以被吸收,成为作物生长所需的养分。

六、堆肥的种类

不同的有机物制造出来的堆肥效果也会不同。制造堆肥的有机物,根据分解、发酵的难易度,大致可以分为低碳氮比的易分解有机物与高碳氮比的难分解有机物。前者是肥料型堆肥,后者是土壤改良型堆肥(见图2-6)。

堆肥
- 肥料型堆肥：原料为家畜粪便、杂草、蔬菜碎渣、厨余垃圾等。营养腐殖质多，有供给养分的能力，肥效持续时间短。耐久腐殖质少，土壤改良效果弱。
- 土壤改良型堆肥：原料为农作物秸秆、稻壳、木质（树枝、树皮、木屑）等。耐久腐殖质与微量元素含量多，肥效长。养分少，土壤改良效果强。

图2-6　堆肥分类

对难分解性的木质有机物进行堆肥化处理是20世纪60年代开发出来的技术。国内还没有普及，这种堆肥含有大量现在土壤中缺乏的耐久腐殖质与微量元素，在难分解性堆肥中其土壤改良效果尤其显著。

这里的土壤改良效果主要指改善当前土壤板结的效果，即促进土壤团粒化结构，提高土壤保水、保肥、透气性能，促进土壤生物相多样化。

现代有机农业的有机肥料一般是以家畜粪便等易分解性有机物（低碳氮比）为主要原料的堆肥，养分含量多，但耐久腐殖质较少，土壤改良效果小。而与此相对，难分解性有机物（高碳氮比）堆肥中含有更加充足的耐久腐殖质、微生物与微量元素。

难分解性堆肥的优良效果已经得到了验证。2007—2010年，山东农业大学园艺学院进行了“树皮堆肥施用方式对番茄根结线虫的抑制效果及土壤环境的影响”（2010年5月）研究，使用含有耐久腐殖质、微生物、微量元素的树皮堆肥与一般有机肥（鸡粪堆肥）进行了对比实验。实验结果显示，树皮堆肥施用区内，第一作期（三个月）就成功地防除了线虫害。而一般有机肥施用区内则一如既往地发生了严重的线虫害。

根结线虫害是一种无法通过农药完全防治的连作障害。因此，长期以来防治与复发不断反复，至今仍然未能解决。实验证明，通过施用树皮堆肥进行土壤改良后，线虫密度大幅降低，防止了虫害的复发。

这个研究给实现可持续发展农业提供了重要的思路。

小结与讨论

堆肥把农牧以及生活中的有机废弃物转化成改良土壤的肥料，是实现土壤养分循环的重要一环，也是促进土壤生物繁荣和土壤生态平衡的关键。堆肥分为土壤改良型堆肥与肥料型堆肥。难分解材料是制作土壤改良型堆肥的重要原料,含有丰富的耐久腐殖质和微量元素,对于修复多年来现代农业造成的土壤亏空有非常重要的作用,应予以重视。

需要注意的是,这里提出土壤改良型堆肥是为了帮助大家了解不同材料的特性和对土壤改良的效果差异。不管是肥料型堆肥还是土壤改良型堆肥,均有土壤改良价值,肥料型堆肥长期施用也能提高土壤有机质水平,促进土壤团粒化结构形成。且从堆肥技术难易程度方面讲,也应该从相对简单的肥料型堆肥开始实践,积累经验,再开始土壤改良型堆肥。"有机物复归大地,是大自然的法则。"因此,我们应当尽量把身边的有机物制成堆肥,改良土壤。

关于堆肥化与微生物

——堆肥原理

池田秀夫

导读：堆肥有大型，有小型，有土壤改良型，也有肥料型，有的有设备，有的无设备，堆肥技术非常多样。不同的堆肥技术背后是不是有相同的堆肥原理可供参考呢？答案是肯定的，池田秀夫在这篇文章里把堆肥原理解说得非常透彻。

一、引文

近几年，人们对生态农业与堆肥的关心日渐高涨，自己制造堆肥的农家也在增加。这期间，经常听到有人说不能成功地制造出堆肥，很是苦恼。

众所周知，要掌握一门新技术，大多要经历多次失败。为了克服这种状况，我们有必要返回技术的原点，从根本上重新审视，把问题一个接一个地解决。

堆肥化问题也同样，只有从原点来进行探讨，问题才能得到解决。所谓堆肥化，是微生物分解有机物的现象，所以微生物才是主角。因此，微生物活性化的条件的有无决定着堆肥化是否能够成功。

本文主要概括堆肥化过程中必要的基础条件。

二、堆肥化的目的

堆肥化的目的在于,通过微生物的作用,将农业残渣或家畜粪便等有机性资源制造成对土壤及作物无害、方便施用且有效的堆肥。

堆肥化的主角是好氧型微生物。因此,如果能够站在微生物的立场上备齐微生物活性化的所有条件,使发酵得以自动进行,那么就能够制造出优质堆肥。

顺带说一句,“当地的微生物”和“当地的材料”这样的组合对堆肥化最适合。

三、关于微生物

1.微生物界的原则

(1)微生物受环境的影响很大。因此,适应该环境的微生物才得以生存。

(2)稳定的生态系统是通过多样性的微生物相的平衡得以维持的。

2.微生物的种类

微生物根据其生存条件可以分为以下三种。

(1)好氧型微生物

在有氧的条件下才能生存。比如,堆肥化过程中出现的杆菌等。

(2)厌氧型微生物

在无氧的环境下可以生存。比如,产酸菌、甲烷菌等。

(3)兼性厌氧型微生物

有氧无氧都能生存。比如,酵母菌、乳酸菌等。

3.堆肥化过程中微生物增殖的条件

堆肥主要依赖好氧型微生物。好氧型微生物增殖活跃的条件为:营养源(饵)、水分、空气(氧)、温度、堆积时间。

(1)营养源(饵)与碳氮比

有机物中的碳是微生物活动的能源,它将变成二氧化碳。而氮则是增殖的菌体(蛋白质)的原料。微生物活动与增殖时最适合的碳与氮的比例(碳氮比)为25~30。另外,随着堆肥化的进程,碳氮比会下降,最终完成的堆肥其碳氮比为15~20。

(2)水分与微生物相

微生物相因有机物中的水分含量的不同而发生变化。堆肥化比较合适的水分含量为60%。低于40%,微生物就会因为水分含量不足而停止活动,进入休眠。如果是超过80%的过湿状态,好氧型微生物会因为氧气不足从而活性下降,反之,厌氧型的腐败菌则会增殖。(见图2-7)

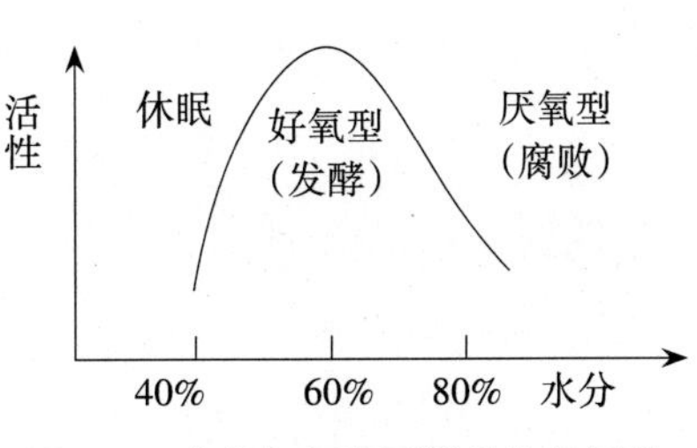

图2-7　水分与好氧型微生物的活性

(3)空气与微生物

好氧型的微生物其活动和增殖所必需的空气如果水分含量在60%左右,则含量充足;如果是过湿状态,就会空气不足。堆体过于紧实也会造成堆肥缺氧,好氧型微生物活动受到抑制。

(4)温度与微生物的活性

好氧型微生物分解有机物的速度随温度的升高而增加。这是由于生物的反应速度有个“Q10法则”,温度每升高10 ℃,反应速度就会提高为原来的两倍。因此,当温度从20 ℃升高到60 ℃时,分解速度提高为原来的2^4倍,即16倍。

另外,一般来说堆肥化的温度在高温发酵期为60~80 ℃,后期为30~40 ℃。(见图2-7)

(5)堆积化期间与发酵

综上所述,堆肥是由微生物促使有机物进行好氧型发酵而成的。

有机物原料中包含着易分解性的成分和难分解性的成分,按其所含比例的大小,分成易分解性有机物与难分解性有机物。

有机物的分解有其定规,从易分解性的糖、蛋白质开始,再到纤维质、木质,按照这一顺序进行。这一堆肥化的过程可以分成以下三个阶段。

第一阶段:低分子的糖与蛋白质的分解;第二阶段:较难分解的纤维质(半纤维素、纤维素)的分解;第三阶段:难分解的木质(木质素)的分解。

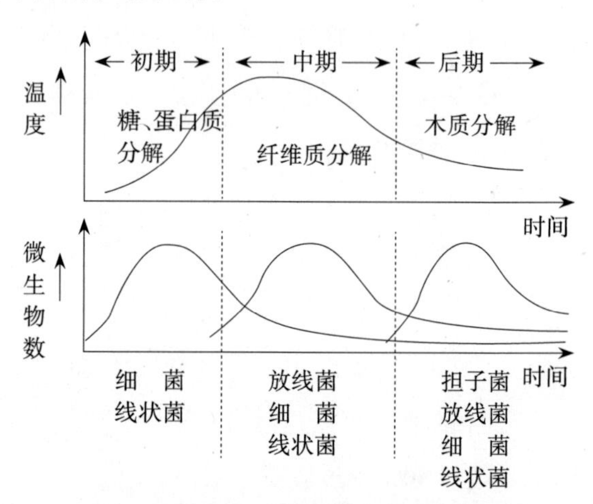

图2-8 堆肥化与温度、微生物相的变迁

伴随着发酵的进行,各阶段发生作用的微生物相也在变迁。这期间发酵温度按照"低温—高温—中温"进行变化。(见图2-8)

从以上表述我们可以明白,堆肥化期间是指微生物相伴随发酵的进行而发生变迁所需的时间,通常为3~6个月。如果无视这一期间而缩短时间的话,就会制造出未熟的有害堆肥。

四、关于有机物

1.有机物的死活与微生物的寄生

微生物中包括寄生于枯死有机物的"死物寄生菌"与寄生于活着的有机物(包括新鲜有机物)的"活物寄生菌"。前者包括比如堆肥化过程中活跃的有益微生物等,后者包括病原菌等。

2.有机物的构造与分解的难易性

植物的构造一般为外皮坚硬而内部组织柔软。外皮由于具有抵抗外力及病菌害虫的伤害、保护内部组织的功能,因而降解比较困难。而内部组织除了柔软之外,所含的养分也多,因此比较容易被微生物分解。

3.植物性有机物的事先处理

为了使植物性有机物的堆肥化顺利进行,需要事先进行下列处理。

(1)干燥

如上文所述,堆肥有益菌不能寄生于新鲜的植物上,而腐败菌则会。因此,新鲜的植物在堆积前一定要进行干燥或半干燥,处理成有益菌容易发挥作用的状态。

(2)切成小段或者进行粉碎

过长、过大或过硬的原料要事先切成小段或者进行粉碎,其好处如下。

①水分和微生物容易进入有机物中,可以加速发酵。

②有机物的表面积增大,跟水与微生物的接触面积也会增大。

③提高堆积与翻堆等的操作性。

五、堆肥化实施过程中出现的问题点

1.关于堆积

(1)目的

有效利用堆积物的发酵热与水分,促进分解与发酵。

(2)堆积效果

①保温

借助有机物的隔热性,防止堆积物内部发酵热的发散,进行保温。

②防止干燥

如果堆积起来的原料间的空间多,则水分容易蒸发,可通过加压抑制蒸发、防止干燥。

③病原菌、杂草种子的死灭

一般的病原菌、杂草种子在60 ℃以上会死灭。因此,当堆积物的发酵温度超过60 ℃时,原料中所含的病原菌与杂草种子就会死灭,能够制造出安全的堆肥。(见表2-3、2-4)

2.堆积方式

虽然堆积的方式因原料的种类与形状而不同,但是如果过高的话内部就会空气不足,堆肥品质会变差;而如果过低的话,发酵热则会发散过多,使得堆肥化停止。一般的堆积方式如下。

(1)将原料每层堆积20~30 cm就进行水分调整。

(2)堆积起来的原料之间的空间过大时,每次堆积时通过踩踏进行加压使其压缩。

(3)重复上述(1)和(2)的过程,直至堆积高度达1~1.5 m。

(4)在户外堆积时,堆体上覆盖有机物或者塑料,防止雨水渗透与干燥。

3.堆积场所

堆积场所选择排水性好的地方。排水性差的话堆积物的下部会过湿,容易腐坏。

(1)户外堆积时

选择比周围高的场所,或者在堆积物周围挖排水沟。

(2)使用发酵槽时

在底部制造斜面或者设置排水沟确保排水性。

4.发酵槽的效果

使用发酵槽进行堆肥时会产生以下效果。

(1)促进堆肥化

可以防止发酵热从堆积物侧面发散和干燥,促进堆肥化。

(2)提高操作性

堆积与翻堆的作业与管理变得容易,操作性得以提高。

5.关于翻堆

随着堆肥化的进展,内部的空气被消耗,处于氧缺乏状态,水分也因发酵热而蒸发,水分含量下降。这样一来,发酵就停止了,发酵温度会下降(见图2-9)。

为了改善这一状况,要进行翻堆。即出现温度下降情况的时候翻堆,翻堆时补充空气的同时还要增加水分含量,使之再次接近60%。重复翻堆作业,当发酵温度与翻堆前没有变化时，发酵就完成了，完熟堆肥制造完毕。翻堆还可促使内部和外部达到发酵的均一化。一般情况下每月翻堆2~3次。

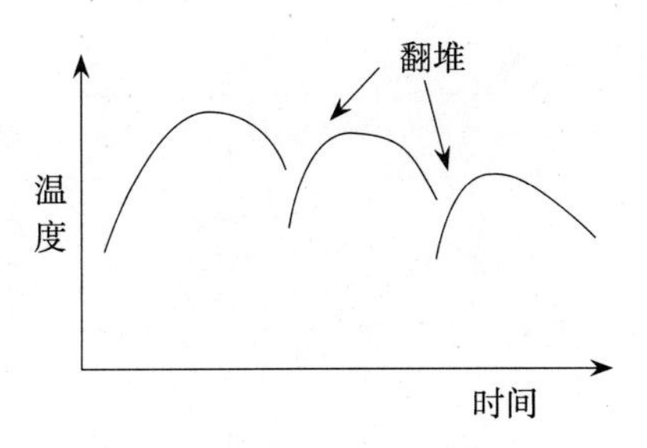

图2-9　发酵温度与翻堆

另外，发酵温度通常会上升到60~70 ℃。如果出现堆积后一周发酵温度仍为40~50 ℃，很大的可能是好氧型发酵不充分。一般来说，多是水分含量不足或过多所致。这种情况下，要再次调整水分和碳氮比进行重新堆积。（见表2-4）

表2-4　各种有机物的碳氮比和水分含量

材料名		碳氮比	水分含量/%
禽畜粪便	牛粪	15~20	80
	猪粪	10~15	70
	鸡粪	6~10	65
秸秆类	稻秸	50~60	10
	麦秸	60~70	10
	稻壳	70~80	10
蔬菜碎渣	萝卜叶	8~10	90
	卷心菜	8~10	90
	白菜	10~15	90
	白薯梗	10~15	70
	玉米秸	10~15	70
绿肥类	黑麦	20~30	80
	三叶草	10~15	90
	紫云英	10~15	90
树木类	树叶	15~60	50~70
	树皮	300~1300	30
	锯末	300~1000	10

续表

<table>
<tr><th colspan="2">材料名</th><th>碳氮比</th><th>水分含量/%</th></tr>
<tr><td rowspan="5">植物性食品残渣</td><td>菜油渣</td><td>7~10</td><td>10</td></tr>
<tr><td>大豆油渣</td><td>6~8</td><td>10</td></tr>
<tr><td>啤酒糟</td><td>8~10</td><td>75</td></tr>
<tr><td>豆腐渣</td><td>10~12</td><td>75</td></tr>
<tr><td>茶叶渣</td><td>10~15</td><td>—</td></tr>
<tr><td rowspan="5">动物性食品残渣</td><td>鱼渣</td><td>6~8</td><td>10</td></tr>
<tr><td>肉渣</td><td>6~8</td><td>10</td></tr>
<tr><td>骨粉</td><td>6~8</td><td>5</td></tr>
<tr><td>蟹壳</td><td>6~8</td><td>5</td></tr>
<tr><td>海草</td><td>20~30</td><td>75</td></tr>
</table>

6.关于堆肥腐熟

完全腐熟的堆肥,无臭,颜色棕色至黑色,摸起来无刺手感。其中最准确的检测方法就是发芽试验:一般的做法是用小油菜种子,种在发酵好的堆肥或者浸出液里,发芽率80%以上,即可以使用。(见表2-5、2-6)

表2-5 堆肥中掺杂的杂草种子的出芽率

<table>
<tr><th rowspan="2">种类</th><th colspan="2">堆肥温度持续两天</th><th rowspan="2">对照</th></tr>
<tr><th>50 ℃</th><th>60 ℃</th></tr>
<tr><td>俭草</td><td>96%</td><td>0</td><td>74%</td></tr>
<tr><td>稗子</td><td>72%</td><td>0</td><td>87%</td></tr>
<tr><td>具芒碎米莎草</td><td>56%</td><td>0</td><td>30%</td></tr>
<tr><td>马蓼</td><td>8%</td><td>0</td><td>53%</td></tr>
<tr><td>野稗</td><td>68%</td><td>0</td><td>70%</td></tr>
</table>

表2-6 病原菌及寄生虫的死亡温度

种类	温度/℃	时间/分
伤寒菌	55~60	30
痢疾杆菌	55	60
沙门氏菌	56~60	15~60
葡萄球菌	50	10
链球菌	54	10
白喉菌	66	15~20
大肠杆菌	55	60
蛔虫(卵)	60	30

小结与讨论

堆肥的主角是微生物，尤其以分解力强的好氧微生物为主，因此一个好的堆肥技术必须具备几个要素：一是堆肥原料组成与搭配，调整整体碳氮比为30左右；二是含水量最好保持在60%；三是堆积方式兼顾保持堆肥的透气性和保温性；四是堆积后一周以内达到最高温60 ℃以上；五是温度下降的时候翻堆，如此反复，直到堆肥完成。

池田秀夫经常在工作坊中强调，堆肥失败的原因经常出现在两个环节：一是含水量的调整，过干或者过湿；二是堆积方式问题，堆体高度不够，或者过大造成透气性差。

从原理上理解影响堆肥成败的关键要素，可方便我们去分析堆肥过程中出现的问题，并及时调整。堆肥技术就是在一次次实践的调整中实现的。技术来自实践！

咱家农场堆肥实践

彭月丽

导读:堆肥技术因时因地因人而有所不同,本篇介绍的是一个在传统小家庭农场模式下的堆肥案例。原料是农田副产物和周边的养殖粪便,没有什么机械,以家庭劳动力为主或者用简单的人力机械配合。

咱家农场是一个六口之家组成的家庭农场,自耕土地面积约20亩,2011年开始转型生态农业,主要从事小麦、玉米、棉花、辣椒、大蒜等粮经作物类种植与产品初加工。堆肥是咱家农场土壤改良计划中非常重要的一环,主要原料包括作物秸秆、农田杂草、家养牲畜粪便(羊粪、鸡粪、兔粪)。咱家农场采用的是传统自然堆肥法,人工操作,下面介绍咱家农场堆肥的制作过程及使用。

一、材料准备

咱家农场堆肥的主要材料有:小麦秸秆、玉米秸秆、杂草、鸡粪、兔粪、羊粪。动物粪添加比例约为20%,以植物材料为主。

二、材料切碎、混匀

将材料切碎,增加材料的表面积,提高堆肥效率,一般5 cm长即可。

咱家农场使用的是植物秸秆,使用传统的铡刀将秸秆切碎。铡草一般分为四道工序:切草、续草、“烧锅”、清草。

切草就是手握刀柄，将草切碎；续草就是将草按照想要切碎的长度放进刀下（掌握切下的草的长度是最为关键的一步，俗语说“寸草切三刀，没料也上膘”，意思是将草切得越碎，牛羊越容易消化吸收，当然这里是为了做堆肥，5 cm的长度就可以了）；“烧锅”，就是为提高效率，在旁边为续草人准备材料的人，在上一把材料切完之前，将下一把材料放在续草人手下，保证不断头（如果断头，每一把重新开始切的话，第一刀切下的草长短不一）；清草，就是将切下的草拨开，以免妨碍持续切草。

三、堆制（“三明治法”）

堆肥场地选择：从大的方面说，采取就近原则，根据堆肥材料所在地与准备使用的地块确定堆肥地点。具体选择，要注意避免洼地，可以将3 m见方的一块地划分为三部分，以便后期连续堆肥和翻堆方便。最好有遮盖的棚和墙壁（堆肥槽），可以避免雨淋、日晒，墙壁具有保温保湿的功能。没有的话，可以用稻草加塑料薄膜覆盖，注意防雨。

咱家农场采取的是“三明治法”堆肥，一层草、一层动物粪便（兔粪、鸡粪），小麦秸秆约20 cm的厚度，动物粪便约5 cm（根据各自农场的情况而定，以调节碳氮比在20~30之间）。

添加一层草之后，添加适量的水分。踩实。含水量判断小技巧：用手紧握材料，有水从指缝渗出、但不会流下说明含水量较合适。

堆体规格要求大于1 m×1 m×1 m，高度根据材料有所调整，堆体长度结合材料准备与需求而定，堆体规格做到能较好地保温、保湿，还要能透气。

四、翻堆

堆肥制作完毕，插入温度计（探头位于堆体中心），检测温度变化，一般三天内能够达到最高温度。当温度开始下降时，翻堆，调节通气性与补充水分，混匀材料,以利发酵。咱家农场秸秆堆肥一般一个月平均翻两次,翻堆的时候一方面是把压实的材料打散,另一方面是根据情况补水。一般三个月后可使用。因季节而略有差异,可根据种植安排确定堆肥时间,以保证堆肥效果。

五、腐熟

堆肥经过高温腐熟阶段后,还要经过一定的后熟阶段,时间长短因材料而异,咱家农场使用的杂草秸秆类堆肥,后熟阶段一般为20~30天。判断堆肥是否腐熟方法很多,可通过颜色、气味、触感等,颜色一般为棕色或黑色,没有刺鼻气味,手搓材料松软、没有刺感。使用堆肥做小油菜发芽试验,发芽率80%以上即可使用。没有充分腐熟的堆肥(或养分含量过高)含有对幼小植物发芽、发根的抑制物质,小油菜被公认为是最适合做堆肥发芽试验的植物。把小油菜种子直接播种到堆肥材料上,通过观察幼苗叶色和根系生长情况判断堆肥腐熟质量,可以正常土壤为对照。成功的堆肥材料中种植的,小油菜,叶色淡绿,根系茂盛。大家可以结合颜色、气味、触感等进行堆肥质量鉴别,逐渐积累直观判断的经验。

六、使用

堆肥一般做基肥,咱家农场是在小麦播种季节耕地前均匀撒施,每亩地用量为1~2吨。也可以用作蔬菜生长过程中的有机物覆盖或者穴施、沟施。

堆肥的主要目的在于改良土壤,提升土壤有机质含量,改善土壤物理结构,增加土壤生物多样性,也有补充土壤矿质营养的作用。经过几年的改良,咱家农场的土壤团粒化结构明显丰富了!生物多样性也在增加。

七、材料成本与人工成本

材料主要是农场内部秸秆,因为咱家农场是粮食、经济作物种植,作物秸秆资源丰富，没有采购成本，主要是人工收集，制作过程也没有用到什么机械设备，工具主要是铡刀与粪叉等。所用动物粪便自己家就能提供一部分，不足部分采购羊粪，来自邻村散养农户，每方300~400元。因此，咱家农场的堆肥成本主要是人工，每吨堆肥制作约合4人一天的时间，加上翻堆，平均每吨堆肥人工成本是四个人两天的时间。

八、心得分享

堆肥的材料选择、制作、使用要因地、因时、因作物。堆肥的材料最好是来自农场内部或者周边种植、养殖系统，以节约成本。堆肥制作时间可以根据自己农场堆肥使用时间确定，过早会造成堆肥放置过程中营养损失，过晚，不能完熟，影响使用。堆肥的使用，根据作物的需肥规律而定，比如，果蔬类作物为中后期营养吸收型作物，可以选择分解较慢的牛粪、羊粪；叶蔬类为前期营养吸收型作物，可以使用速效类堆肥，如鸡粪堆肥。

堆肥以后，家里人很开心，一方面土地越来越肥沃，庄稼长得好，品质优，广受消费者好评；另一方面因为有机物被用来做堆肥，家里、农田里没那么多垃圾了，甚至把村民邻居们弃置在路边的植物秸秆也拿来堆肥了，大家都开心。

小结与讨论

小规模传统家庭农场的特点是规模小、农作物种类多、较分散，所以，堆肥也比较灵活，可以根据农场的材料特点、堆肥使用时间和农闲时间等确定何时堆肥、每次堆肥的量等。这样既能减少乡村有机废弃物，又能改良土壤，农产品品质提升还可以卖个好价钱。

小柳树农园的堆肥实践

柳　刚[1]

导读:小柳树农园是京郊一个新农民创办的CSA农场,五六十亩地,是公司化运营的中小规模农场的代表。农园的堆肥有新特点,更规范,配合使用一些小机械,原料上也有和城市端有机废弃物循环利用的结合,比如餐厅里的剩菜叶、鸡蛋壳、淘米水都会成为农园的堆肥原料。

2013年,看到食品安全问题频出,自己和家人的食物安全无法得到保证,同时看到北上广等大城市追求生活品质的人逐渐增多,市场上好的产品少,品质又不稳定,我决定从一家做食品出口的日本商社辞职,正式开始做有机农业,希望在20年后,不仅有一份收入能够养家糊口,也能做成一个有机事业。

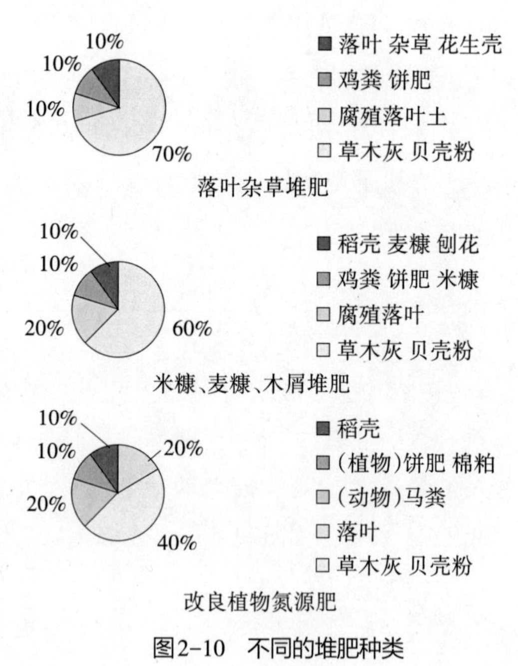

图2-10　不同的堆肥种类

小柳树的种植理念是“安全、美味”,而且这两个词同样重要。

① 作者简介:柳刚,北京小柳树农园农场主。

没有健康的土壤，就种不出安全、美味的蔬菜，所以堆肥就是重中之重。

小柳树的堆肥根据使用目的分为育土堆肥和营养堆肥两大类。育土堆肥：包含稻壳堆肥、落叶堆肥（腐殖土）和草质堆肥，用于改善土壤疏松度、排水性和透气性。营养堆肥：通过使用动物源氮（动物粪便）、植物源氮（油粕）等堆肥原料，提供作物生长所需的基肥和追肥。营养堆肥加水爆气、沉淀后的澄清液肥可作为叶面肥使用。

一、底肥制作实操

原料：主要是烂菜叶、米糠（外购）、贝壳粉（外购）、菜籽饼（外购）。

地点：室外，有雨棚遮挡。

人力：2~3人。

方法：用水管喷水直至堆肥湿润，用微耕机搅拌均匀。

时间：每年12月制作，需要四五个月的时间就腐熟了。

用途：补充营养，增强土壤有机质，改善土壤。

二、育苗肥

原料：林地土、麦糠、油渣、落叶（园内收集各种落叶）、贝壳粉、木炭灰、红糖水、酵素、鱼汤水。（见表2-7、2-8）

地点：温室大棚内。

方法：

（1）先把麦糠铺撒到地上；

（2）上边覆盖落叶、油渣、木灰、贝壳粉；

（3）林地土铺撒到上边；

（4）水中加入酵素、鱼汤、红糖水，喷洒到堆肥中；

（5）混合直到水分含量约为60%，攥土能成团；

(6)盖上塑料布;

(7)每周翻堆一次,需要翻堆三次;

(8)中心温度低于40 ℃,可停止堆肥。

成熟度判定:将堆肥放入瓶子中,封闭24小时,确认味道。有臭味发出,表明未发酵完全。

使用方法:基肥直接施用,施用量每平方米3升,可立即播种,直接育苗。

三、使用案例

番茄定植地准备:为了西红柿的根系能达到50厘米深,我们挖30厘米的深沟,铺设秸秆、落叶堆肥、骨粉、贝壳粉等材料,起垄20厘米后浇水。5月初,待西红柿苗开花后就可定植了,埋下的这些肥料能够给西红柿后期生长提供足够的肥力。

四、小柳树农园堆肥操作不败秘诀

(1)落叶要尽量混用多种树木的落叶,加快分解,减少臭味的产生。如果堆肥过程中出现恶臭或者水分过多的情况,可在堆肥中混入干燥的树叶,以提高发酵温度并减少恶臭的产生。

(2)堆放的地点选择阳光能照射的地方,冬天阳光有加温作用,不要让雨直接淋湿。

(3)堆肥必须完全发酵腐熟,避免对作物产生危害。(见表2-9)

表2-7　小柳树育苗肥堆肥工艺表

		配合比例/份	2014年12月计划制作量/份	用量
主料	林地土	2	2	4车
	麦糠	6	2	12车

续表

		配合比例/份	2014年12月计划制作量/份	用量
	油渣	4	2	8车
	落叶	1	2	2车
	贝壳粉	0.5	2	1车
	木炭灰	0.5	2	1车
	水			
催化剂	红糖水			2袋
	酵素			1瓶
	鱼汤水			5瓶

表2-8　小柳树农园的堆肥常用材料

碳素材料	加水后不容易腐烂的物质，碳氮比在50以上	锯木屑、刨花、树枝、稻壳等各类作物壳，秋后的芦苇、茅草、麦糠、树皮、竹子等粉碎物
氮素材料	加水后容易腐烂的物质，碳氮比在50以下	家畜粪便(鸡、牛、猪)、鱼粉、厨余垃圾、豆腐渣、咖啡渣、菜叶、鱼鳞、蘑菇渣、油渣、海草
微生物材料	促进发酵，含有多种微生物	各种完熟堆肥的落叶、杂草根、蔬菜根、腐叶土、野地或竹林的土
矿物质材料	含有大量的微量元素	贝类壳、虾壳、海水、盐卤、麦饭石、草木灰、火炕土

表2-9　未发酵和已发酵堆肥的对比

	未发酵	已发酵
病原菌、害虫卵	存在危险	完全灭绝
杂草种	存在	完全灭绝
微生物	有益少、有害多	只剩有益存在
堆肥质量	含氮量高，随着时间发散而减少	氮磷钾均衡

续表

	未发酵	已发酵
对病害抵抗力	没有	很强
恶臭	很多	几乎没有
卫生	不卫生	卫生

小结与讨论

小柳树农园的堆肥技术根据施用目的分为育土肥和营养肥,和前面池田秀夫提到的土壤改良型堆肥和肥料型堆肥对应。在实际操作中,他们又结合了农场能收集到的有机物的种类决定堆肥原料的组合,有从园林环卫上收集的落叶,城市来的余菜、淘米水,也有自己农场的蔬菜秸秆等。结合农事操作,制作底肥和育苗肥,结合定植前挖定植沟补充土壤有机质,改善原来板结的土壤。在堆肥制作过程灵活结合农用机械翻堆与人工结合,提升了效率。

但是值得注意的是,不同地区,不同条件下,堆肥实操会有很大的不同,大家一定要结合堆肥的原理去实验、改进,找到最适合自己的堆肥技术。比如,如果采用新鲜菜叶做堆肥,翻堆次数要增加,否则容易腐败,所以一般不推荐新鲜材料做堆肥,可以适当晾晒后再做堆肥用。

银林生态农场的堆肥实践

郭　锐

导读：银林生态农场是几位热爱农业、钟情乡村的年轻人创办的中小规模的生态农场代表，郭锐是农场在地的管理者，这里也是他的家乡。农场主要种植蔬菜和少量水果，并进行养殖。堆肥使用的效果在他的农场表现非常明显：土壤改善，蔬菜品质提升，病虫害减少。他进行堆肥的心得就是：堆肥一定要腐熟，使用的量要够，把有限的堆肥集中用在比较小的面积上，反而比用在大的面积上能够获得更高的产量。其中在使用堆肥量和频次较大的地块，土壤疏松度改善特别明显，四年时间，有些地块土壤疏松层竟然达到了90厘米。

2011年，我开始返乡养殖土猪，接着又开始种菜，在农场建立了一套用猪粪制作沼液、然后用沼液来种菜的循环模式。但是因为沼液是速效型有机肥，对土壤没有什么改良的作用，虽然进行了几年的生态农业实践，但是土壤的有机质含量依然非常低，土壤比较偏沙，留不住肥力，菜长得也不好，用沼液追完肥，很快就失去效果。中间也尝试购买商品有机肥，发现效果不好，因为商品有机肥主要的成分仍然是速效型有机肥，没有完全发酵成熟，不仅对土壤没有什么改良效果，而且还烧了一批苗。后来，我跟池田秀夫老师学习了堆肥和土壤改良的课程，了解到，现在土壤的问题是有机质含量低、板结，土壤改良型堆肥才是土壤更需要的，于是开始重视制作和使用改良型堆肥。我根据自己周边的资源情况，主要做中药渣堆肥、杂草堆肥和少量木屑堆肥。

一、堆肥的原材料

以中药渣和羊粪的混合堆肥为例。

1. 中药渣

来自隔壁镇的中药厂,中药厂负责送到农场,一车700元,约有7吨,合100元/吨。中药渣的碳氮比很高,改良土壤的效果非常好,过去药厂的药渣是废弃物,现在成了抢手货,冬天种菜的旺季,基本上订不到,一般过完春节才能有货。

2. 羊粪

来自村里的养羊场,该羊场有100多只羊,每年的羊粪基本上银林农场全部包下来了,大约300元一吨,需要自己到羊场去拉。羊粪改良土壤的效果也比较好,但是比不上药渣,而且价格比较高。

3. 猪粪

来自自己农场养殖的猪。

4. 杂草

农场除草,和养羊场羊吃不动的老的杂草。

二、堆肥的场地选择

银林农场的堆肥场地选在农场中间的一块空地,大约有200平方米。选在农场中间的好处是,取用起来非常方便,不管施用在哪一块土地都非常近,但是难题在于从农场外面通到这块地的路非常窄,大车进不来,材料需要用小车拉进来,或者大车卸到地头,然后再用三轮车转运。

三、堆肥的设备

小型挖掘机一台:农场购置了一台二手的挖掘机,成本3万多元,除了做堆肥,还可以用于农场的修路、装卸、挖水渠等。

四、堆肥实操

材料拉回来分别堆在堆肥场的四周，把挖掘机开到中间，然后用挖掘机的铲子，每次挖不同的材料一层层堆在一起，大约一个小时的时间，可做成一个一米高、两米宽、四米长的肥堆，有约8立方、5吨左右的材料。初步估计，如果用人工大约需要两个人工作一天。

做好的堆肥大约每10天翻一次堆，翻堆大约10分钟就可以完成。至于多久能够发酵完成，不同季节的时间不一样，以腐熟的实况来决定。

五、堆肥使用心得

堆肥一定要完全腐熟，使用的量要够，把有限的堆肥集中用在比较小的面积上，反而比用在大的面积上能够获得更高的产量。我们农场土壤背景很差，有机质很少，板结非常严重，经过几年的改良效果还是非常明显的，尤其在使用堆肥量和频次较大的地块，土壤疏松度改善特别明显，堆肥使用的同时结合深耕，四年时间，在有些地块土壤疏松层竟然达到了90厘米。不只是土壤疏松度有改善，在土壤微量元素含量上也有非常明显的改善，刚开始的时候测

图2-11　西红柿田里的土壤，明显比其他地方松软很多

的土壤的微量元素有缺乏和不平衡的情况,最近再测的土壤微量元素明显比开始时提升了很多。

我们曾经尝试在半亩的西红柿田里,一次投入约3吨的中药渣和3吨的猪粪,结果显示其对土壤改良起到了非常好的效果(见图2-11)。

而且西红柿长得非常好,以前种植西红柿因为生病要死掉大约三分之二,而这半亩地种植的西红柿基本没有生病(见图2-12)。苗很壮,产量也很高。

另外也注意到,只有在土壤有机质足够的情况下,使用花生麸水或者沼液等液肥,才不会造成作物徒长,因为这些速效的氮肥可以先被有机质吸附,然后缓慢释放,肥效也比较长。如果单纯使用液肥,则容易造成作物徒长,而且容易引起蔬菜亚硝酸盐超标,肥效也比较短。

图2-12　使用堆肥的土壤种植的西红柿长势非常好

在我们所有的堆肥材料里中药渣起的作用最大,不仅便宜,改良土壤的效果也最好。

小结与讨论

银林农场非常重视土壤改良型堆肥的使用,寻找材料来源,还专门配备堆肥设备与场地,取得了很好的效果,土壤健康,蔬菜病虫害也就减少了。另外,南方多雨,为了提高堆肥发酵效率,建议建造堆肥棚,避免雨水影响。

有健康的土壤才有健康的人类

彭月丽

有健康的土壤才有健康的作物，有健康的作物才有健康的人类。健康的土壤是人类共同的资产，是人类赖以生存的基础。多年来，化学农业让土地和环境疲惫不堪。土壤板结、环境恶化，是人类对于土壤的多年的欠债。堆肥是一条修复土壤的最有效率的还债途径，把有机物复归大地，让我们的社会少一点儿有机物垃圾，多一点儿滋养土壤的有机质。

让自然回归循环的正道，是我们每一个人的责任。

2018—2019年，沃土可持续农业在全国九个城市发起了“沃土堆肥笃农家工作坊”，近千人参加了共学，近百个农场开始堆肥行动，还有的城市出现了城市堆肥，或者已经在探索如何和乡村的生态农场合作，把城市的有机物经堆肥还回土壤。这也是池田秀夫一再强调的，可持续农业需要全社会一起努力，需要有机物循环回大地，共同保持大地母亲的健康。

为此，我们还发起了“堆肥体验日”活动，在不同的城市找到愿意开放堆肥体验的生态农场，让城市的伙伴们也能参与堆肥改良土壤的行动。

本章好书推荐

1.《寂静的土壤——理念·文化·梦想》

作者:龚子同、陈鸿昭、张甘霖

出版社:科学出版社

在寂静的土壤上面是喧嚣的尘世。寂静的土壤无私奉献,喧嚣的尘世有太多的诱惑。在寂静的土壤和喧嚣的尘世激烈的冲突中,寂静的土壤可能不再寂静,她也许会发出呐喊,警示地球灾难的降临,呼唤人类良知的回归。

该书作者龚子同、陈鸿昭、张甘霖长期从事土壤科学研究,根据自己对土壤和土壤科学的认识、反思和感悟写成此书。该书是一本土壤领域、生态与环境领域的通俗科普读物,向我们展现了一代土壤科学家的土壤情怀。

该书以"自然-社会-土壤"复合系统为对象,可持续发展为目标,以"理念、文化、梦想"为脉络,构成全书整体框架。该书内容分三部分:第一部分叙述土壤的功能、起源与发展基础理论,解析土壤形成多样的自然条件和复杂的社会环境,为我们正确培育土壤提供理论基础。第二部分论述土壤学历史上的成功经验、失败教训及其在土壤学发展过程中淀积的文化内涵。第三部分从中国的实际情况出发,提出当前土壤面临的挑战和美好的未来。

2.《健康土壤学——土壤健康质量与农产品安全》

主编:周启星

出版社:科学出版社

以往的农业生产与研究中往往把土壤当作植物或动物产出的工具或载

体，然而，人们越来越认识到土壤是有生命的，健康的土壤具有丰富多样的生物活性，与植物根系间产生复杂而有序的有机互动，不仅能够生产健康的植物、养殖健康的动物，进而促进人类健康；也能改善水和大气质量，具有一定程度降解和抵抗污染物的能力。健康土壤学，更注重土壤固相、液相、气相的三相结构，把土壤作为一个活的生命体去考量。

该书专业性很强，深入剖析了土壤及其健康的作用、意义及所面临的挑战，从理论上论述了土壤健康质量研究的重要性以及农产品安全应始终遵循的土壤规律，比较系统地阐述了土壤健康质量的概念及其科学内涵、土壤健康的生态指示、土壤健康质量动力学、土壤健康质量分析与调控，阐述了施用化肥和农药等化学物质与土壤健康质量之间的复杂关系以及农业灌溉对土壤健康质量的影响等，对我国今后农业安全生产和农业环境保护工作具有重要指导意义。

病虫害管理

重新看待病虫草害

——与万物共荣共生于天地间

郝冠辉

换个角度，重新定义“虫害”，把虫害的存在，当成植物衰弱、养分失调的提醒。这样，我们才可能从错误和不幸中解放……

——《新世纪农耕》

唯天下至诚，为能尽其性；能尽其性，则能尽人之性；能尽人之性，则能尽物之性；能尽物之性，则可以赞天地之化育；可以赞天地之化育，则可以与天地参矣。

——《中庸》

从农业生产的角度来看，我们常常把昆虫分为益虫和害虫。一直以来我们似乎对害虫恨之入骨，恨不得把它们赶尽杀绝。

于是从20世纪开始，我们开始了一场长达百年的对害虫的化学战——利用各种化学农药对付害虫。其实从这场化学战之初，就有科学家对化学农药的危害表示出隐忧：物种毁灭、生态失衡……

而且由于害虫的抗药性，其实这是一场注定没有尽头的战争，曾经有科学家这么预测：对于虫害的控制就是人类新品种农药研发速度和害虫抗药性产生速度之间的竞赛。

然而回过头来总结这一场战争，我们应该承认我们的失败。从我们近年来的农药产量可以看出,我们的农药是越用越多的,充分证明病虫害越来越严重,而不是越来越少。

是时候反思一下我们对待病虫害的态度了。

从生态学的角度来看,其实是没有所谓的害虫和益虫的,大自然就是一个完整的生态链,各种生命都是这条链条上的一环,缺一不可。单单从害虫和益虫的角度来讲,没有害虫,益虫也就没有食物,也就没有生存的空间。

所以,泰国米之神中心(KKF)对稻田的病虫害的管理方法就是,观察田里的害虫和益虫的数量,如果数量是平衡的,就不用处理,如果害虫数量太过,就需要人为帮助一下益虫来控制害虫的数量。

而且从我们的观察来看,很多害虫本身在自然界承担的是分解者的角色,也就是让大自然的循环能够顺畅地开展。比如我们常见的地下害虫蛴螬,其实是以比较生的有机物为食,也就是帮忙把生的有机物转化为能够比较快速分解的物质,如果我们把未分解的有机质埋到地下,就会滋生蛴螬。

所以,从生态学的观点来看,我们对害虫的态度并不应该是杀绝,而应研究它们,了解其习性,了解其规律,然后加以控制,甚至加以利用。

2016年12月,在沃土可持续农业发展中心组织的返乡青年交流会上,种植苹果的李立君提到,可以利用黄蚜来控制苹果的树势,从而防止苹果树的营养生长过盛,以达到促进生殖生长的目的。

在人与自然的关系上,西方科学常常把人和自然放在对立面,认为人要征服自然;而极端的环保主义者又认为人是导致自然破坏的根本原因,如果没有人的干预,自然就会变好。

但是在中国的传统文化里面,人和自然从来不是对立的关系,人是可以参悟天地、化育万物的。但是前提条件是人能够放下自己的贪、嗔、痴,了解自性,回归自然。

生态农业就是带领我们回归自然的道路。

愿一切生命都能够共荣共生于天地间……

化学农药的问题及非农药防治

池田秀夫

导读:化学农药的使用带来了环境问题、人畜健康问题,还使得病虫害产生耐药性,农药有它的极限性,不可能长久地解决病虫害问题。可持续发展农业之路的关键在于本文提到的符合自然法则的非农药防治法的开发及普及。

现代的大多数常规农业从业人员都认为,化学农药是农业生产不可或缺的资材。为此,化学农药(以下简称"农药")被广泛大量地使用。而另一方面,农药残留也引发了健康问题。

农药其实是把双刃剑,既有其优点也有其缺点。农业生产现场注重的是病虫害的防治效果,可是,与此同时有益生物也被杀死,致使生态系统被破坏,环境恶化。另外,农药的连用使病虫害产生了抗药性,这样一来,新农药在使用几年后效果会明显下降,还有就是对人畜造成的伤害以及土壤生物相的不健全。农田的生态系统遭到破坏后,栽培环境就会恶化,很难培育出健康的作物来。

农药的弊害不只是影响作物生长发育,还会波及人畜的健康以及自然环境。此外,生态系统的破坏还会通过生物界的食物链进行扩散。农药真的是具有千里之堤毁于蚁穴的危险性。

要呼应业界近些年的"可持续发展的农业"这一课题,我们必须了解农药的本质和界限,尽早地摆脱对农药的依赖,确立农业发展和健全的生态系统两利的病虫害防治法。

一、农药的主要问题

1.伤害人畜健康

农药的基本作用就是杀菌杀虫。除了有害生物,它还会波及有益生物。甚至农药中所含的有毒物质还会通过食物链对人畜的健康造成伤害同时污染环境。这一系列的问题可以说广为人知,可是改善的前景却不容乐观。

2.病虫害的耐药性

农药的连用使病虫害产生了耐药性。这是由于在使用农药的过程中,病虫害一代一代繁殖,逐渐获得了对农药的抵抗性,即免疫性。因此,在连用农药的传统农业中,新农药不断推出与病虫害获得耐药性,两者形成了无尽的循环。

另外,一般认为耐药性是生物为了维持生命的防卫本能,所以说将来农药的耐药性问题消灭的可能性基本为零。

3.破坏生态系统

农业从业人员一般倾向于将农田的生物分为有害生物与有益生物。但是,这些生物在自然界中共存,它们具有生物的共性。因此,防治病虫害的农药会同时杀死有益生物。结果将导致使用了农药的地区的生态系统遭到破坏,其影响将通过食物链不断地扩散开来。

生物界原本是由以微生物为起源的多样的生物相的平衡与食物链组成。因此,部分生态系统的破坏也会通过食物链进行扩散,导致整个生物相的不健全和病虫害的多发。农药使用后比使用前伤害扩大的复苏现象(使用某些农药后,害虫种群密度在短时期内有所降低,但很快出现比未施药的对照区增大的现象)就很好地说明了这个道理。

农田生物相遭到破坏后,病虫害就会多发,作物产量、品质也会下降。

4.农药的极限

农药有两个极限导致它无法实现农业健康发展。其一,让病虫害产生耐药性的农药无法根除病虫害;其二,它是生态系统破坏、环境污染的原因之所在。

本来使用农药来防治病虫害的目的在于消除病虫害的伤害，培育出健康的作物。然而，实际情况是非但病虫害无法根治，就连生态系统也遭到了破坏，出现环境污染。如此持续下去，作物的种植环境只会恶化，无法生产出健康的作物来。即便是药害小的农药，长此以往，危害也不容忽视。这是由于过于重视部分区域的对症疗法，而对栽培环境整体的健全化，及其维持和提高缺乏考虑的缘故。这一状态持续发展下去，现行农业将停滞不前。

笔者认为可持续发展农业之路的关键在于下面将要提到的符合自然法则的非农药防治法的开发及普及。

二、关于非农药防治

1.理念

基本理念是根据自然法则来预防病虫害的发生与扩散。生物界有“适者生存”的自然法则。不适应生存场所的环境和条件的生物无法生存下去，将会被自然淘汰。非农药防治主要通过应用这一原理，借助自然的力量来抑制病虫害的发生和扩散。

2.防治对策之方针

以健全的土壤和自然淘汰法为主体来寻找预防措施，在此基础上根据需要使用生物资材等进行补充性的防治。

3.防治对策之预防

(1)利用健康的土壤进行预防

自然森林和原野是健全的土壤的模本。那里没有有害生物异常增殖而带来的病虫害，也没有连作障碍。在这种生物相多样，松软、团粒化的土壤中，植物根系非常发达，能够充分吸收植物生长所必需的养分和水分，从而植物地上部分也得以健康地生长发育，成为能够抵抗病虫害的强壮的植物。

本方案将分为以下几个步骤来制造健康的土壤。

①物理性改善

通过腐殖质来改善物理性(排水性、保水性和通气性),促进土壤团粒化。

②生物性改善

物理性得到改善后,土壤环境随之改善,生物相变得多样,从而有害微生物的异常增殖得以抑制。

③化学性改善

根据土壤分析结果,在适当的时期供给作物所需的养分,培育健康的作物。

④作土深耕

根据笔者经验,当前农业连年浅耕,造成农田的耕作土层比较浅,多为15 cm上下,在这种根系发育受到阻碍的土壤中,很难培育出健康的作物。要改善这一现象,需要将土层加深到30~40 cm来促进根系发育。

⑤适当管理

对作物生长发育的必要条件(水分、温度、阳光与养分等)进行适当的管理,培养健康的作物。比如,一般作物在通风透光的条件下生长健壮,病虫害少;而在密闭潮湿的环境下容易发生病虫害。

(2)通过自然淘汰进行预防

生物有各自固有的生态,其适宜生存的环境和条件是有限的。这样的环境和条件中有生物生存所不可缺少的必要条件和间接影响其生存的因素。

前者包括水、空气、温度、阳光和食饵等,后者包括适应其习性的生存场所和生物相等。例如,生存于湿润的地方的生物到了干燥的环境中就会被自然淘汰。另外,在自然的森林和原野那样多样的生物相平衡共生的地方,特定的生物无法异常繁殖,所以就不会出现严重病虫害。

非农药防治的重点在于制造条件抑制病虫害的生存。下面介绍几个实例。

①借助干燥防治韭蛆(中国传统技术)

翻挖韭菜根部的土壤促使表土干燥,或者在根部周围撒草木灰,从而制造韭蛆难以生存的土壤环境来进行防治。这是通过不提供韭蛆生存所需的水分来进行的自然淘汰。

②苹果的无农药栽培(日本苹果专家)

大家都说“苹果不能进行无农药栽培”,但是日本青森县的苹果果农却通过制造自然森林和原野那样腐殖质丰富的土壤和植被环境,实现了苹果的无农药、无肥料栽培。

③通过树皮堆肥防治寄生性线虫(山东农业大学园艺学院)

通过施用树皮堆肥进行土壤改良完全防治了寄生性线虫。这可以看作寄生性线虫由于树皮堆肥促进土壤生物环境改善,多样的微生物中的天敌或拮抗生物的作用,其增殖受到了抑制的结果。

④习性的利用实例

“蚊香”是利用蚊子怕烟的习性避免蚊子近身。有报告说蚜虫讨厌咖啡味,所以可以用咖啡渣来进行防治。

由此看来,如果在栽培地创造出病虫害无法生存的条件或者它们习性上忌避的条件,就能够通过自然淘汰来安全防治病虫害。

(3)生物资材的预防性散布

事前散布富含有益微生物的微生物资材,作物表面的生物相就会呈现有益微生物优势,拮抗作用得以强化。如此一来,有害微生物的入侵、增殖受到抑制,从而产生预防效果。

关于有益微生物资材制作,日本的“爱媛AI”就是一种。中国也有很多本地微生物培养的方法,比如用淘米水或者牛奶培养乳酸菌,用大豆培养纳豆菌等。

4.防治对策之驱除

如果综合实施上述预防措施,病虫害发生的可能性就会大大下降。但是,在农田里,由于气象等外部原因,有时会发生突发性的虫害。这种情况下,病虫害的发现如果晚了,虫害就会扩散,使防治变得困难起来。为了避免出现这种状况,必须平时细心观察,做到早发现、早驱除。驱除方法分为在病虫害的发生处集中喷洒生物农药和拔除受害作物两种方法。这里说的早发现早处理,拿火灾来比喻的话,就是火苗小时可以轻易灭掉,而一旦火势变旺,就很难扑灭了。附带说一下,通过日常观察了解生物的生长状态,对养分和水分的适当供给以及进行其他栽培管理促进作物健康都很重要。

小结与讨论

综上所述,可持续农业要根据自然法则来预防病虫害的发生与扩散。培育健康的土壤和作物,才是预防病虫害发生的基础。按照自然界“适者生存”的法则,应通过农田环境风、光、水和生物多样性的改善,创造适合有益微生物和昆虫生存的环境,消除有害生物的生存环境,使其自然被淘汰。非农药防治的技术思路如下图:

- 非农药防治
  - 1.预防
    - 1.健全的土壤
      - 1.物理性改善:改善排水性、保水性和通气性,使土壤团粒化
      - 2.生物性改善:使生物相多样化,增加天敌和拮抗生物
      - 3.化学性改善:改善pH值,提供均衡营养,适当供给
      - 4.作土深耕:深耕作土至30~40 cm,促进根系生长
    - 2.自然淘汰: 利用病虫害的弱点来抑制其发生和扩散
    - 3.生物资材的预防性散布:在病害虫发生之前进行散布,来抑制其发生
    - 4.土壤消毒
      - 1.太阳热消毒法
      - 2.土壤还原法
  - 2.驱除:早发现,早处置
    - 1.集中喷洒生物农药等来进行驱除
    - 2.拔除受害作物

自然农业思潮与有害生物综合防控

胡想顺[①]

导读：什么是自然农业思潮？对我们认为对农田有威胁的有害生物有什么综合防控的措施？我们听听大学老师怎么说。

现代农业大幅度提高了作物产量，人类在历史上首次基本解决了饥饿的问题。然而，化学农药和肥料的过度施用导致了一系列严重的环境污染、食品安全、能源危机和气候变暖等问题。为了应对这些问题，世界各国纷纷制定可持续发展战略，限制化肥、农药、生长激素等的应用，加强食品卫生质量管理，提高农产品进出口检验标准。

一、自然农业思潮

20世纪70年代，因为担忧化学农药和肥料对人类赖以生存的环境和人类健康的负面影响，西方出现了企图替代现代农业的尝试，我们将这一类的探索和实践统称为自然农业思潮。自然农业思潮与环保主义运动相呼应，倡议在洁净的土地上，应用洁净的生产方式，生产洁净的食品。一般来讲，替代农业在实际生产过程中采用五不原则，即不用化学肥料、不用化学农药（包括杀虫剂、杀菌剂、除草剂和植物激素）、不用农膜、不用转基因种子的种植业和不用添加剂饲料的养殖业。

① 作者简介：胡想顺，博士，任教于西北农林科技大学。

自然农业思潮下的各种农业模式在各国有不同的名称,其哲学理念和技术源头大多可以从以我国为代表的东方传统农业中找到。1911年,美国农业部管理局局长金(F. H. King)考察东方传统农业后,写成了《四千年农夫》,该书对中国传统农业技术进行了梳理,认为农耕的首要条件是保持土壤的肥沃,就是将所有可以腐烂的农作物秸秆和人畜粪尿充分发酵还田。1940年,英国植物病理学家霍华德(A. Howard)出版了他的《农业圣典》,认为将植物的残体以堆肥的方式返回农田,就可以保持地力。1935年,日本的冈田茂吉提出了自然农法,福冈正信于稍晚的1938年提出相似的理念。福冈正信病中从老子的"道法自然"中悟到了自然农法,随后终其一生进行"不耕地、不施肥、不除草、不用农药"的实践,著有《自然农法》和《一根稻草的革命》。在欧洲和澳大利亚,这类替代农业称为生物动力农业(biodynamic agriculture)或活力农耕(bio-dynamic),其起源于1924年的鲁道夫·史代纳(Rudolf Steiner),自然活力农耕法强调土壤是有生命的,除了营养、微生物及腐殖土外,也受农人的意志、精神,以及月亮和其他星球无形的力量影响,认为以有机物回到土壤中来保持其肥沃度。1945年,美国人罗代尔(J. I. Rodele)创办了罗代尔有机农场,倡导并实践有机农业。1971年,美国土壤学家埃尔伯西(W. Albrcche)发起了生态农业,其基本理念是不施用或尽量少施用化肥、农药,用有机肥或长效肥替代化肥,用天敌、轮作或间作替代化学防治,用少耕、免耕替代翻耕。此外自然农业还有其他诸如朴门永续、再生农业、替代农业、超石油农业、超工业农业、低投入农业等等不同的名称。

自然农业在逻辑上解决了食品安全问题,其和现代提倡的可持续农业在许多理念上相契合。在实践中,自然农业通过有机质的还田解决了土壤肥力的问题,完全不用化学肥料就可以获得可持续的收获。完全不用化学合成的农药,如何免于病虫草等有害生物的侵害,是自然农业实践者面临的问题。

二、有害生物综合治理的基本措施和原理

在化学农药出现之前,有很多不喷药而解决病虫害大发生的著名例子。

1845年,马铃薯晚疫病在爱尔兰大暴发,马铃薯是欧洲人的主食,这导致了爱尔兰四分之一的人被饿死。马铃薯晚疫病的发生和湿度有关,人们发现,茎秆匍匐的马铃薯易感病,选择茎秆直立的马铃薯品种,做好农田排水,起垄栽培对预防马铃薯晚疫病有效,这是应用农事操作解决生产中重大病虫害问题的经典案例。

吹绵蚧对南加利福尼亚的柑橘业造成严重的威胁,种植者1888年从澳大利亚引进大红瓢虫,第二年就有效地控制了这种害虫的危害,这是应用生物防治法解决生产中重大病虫害问题的经典案例。

1972年,科学家提出了“有害生物综合治理(integrated pest management, IPM)”的概念:“综合”指协调使用多种方法控制害虫;“有害生物”指影响农作物可持续生产的任何有害的生物,包括无脊椎动物和脊椎动物,病原体和杂草;“治理”指的是从生态学、经济学和社会学角度综合考虑。国际粮农组织专家采用的定义是:害虫综合防治是一种害虫治理系统,根据相应环境和害虫种群动态,和谐利用所有合适的技术和方法,把害虫种群维持在经济损害水平(经济损害水平是一个临界的害虫密度,在这个密度时实施人工防治的成本刚好等于由于防治而得到的经济效益)之下。

通俗地讲,有害生物综合治理就是在不引进外来危险有害生物的前提下,在培肥土壤,改善生态环境的基础上,综合应用例如耕作、施肥、选草等田间管理的农业方法,招引各种天敌如鸟(建巢)、青蛙(旁建水池)、天敌昆虫(地面种花、草)等生物防治的办法,优先选用对我们人类没有毒害的,对环境安全的物理和化学方法,将病、虫、草害控制在可以容忍的范围内。

根据作用原理和应用技术,有害生物控制措施包括五大类,即农业防治、物理防治、植物检疫、生物防治和化学防治。

1.有害生物防治的基础——农业防治

农业防治就是通过科学的栽培管理技术措施,来改善农作物的生长环境条件,使之有利于作物的生长发育和其他有益生物的繁殖,而不利于病虫草害的发生发展,直接或间接地消灭或抑制病虫草的危害,从而把有害生物所造成的经济损失控制在最低限度。农业防治在多数情况下能结合农业生产进行,方法简便经济,主要内容包括选用抗性品种,合理耕作,实行轮作、间作和套种,合理施肥,科学用水和加强田间管理。

(1)抗性品种

具有抗性的农作物品种,表现为不受害(不选择性),或病虫害发展缓慢(抗生性),或经济产量不降低(耐害性)。历史上,抗性的应用曾经在防治葡萄根瘤蚜、苹果棉蚜、小麦黑森瘿蚊、小麦吸浆虫、小麦锈病和白粉病、稻褐飞虱、稻瘟病和棉铃虫等一系列重大农业病虫害中发挥过或正发挥着重要的作用。抗性品种一般投入少,效果突出,但在生产实践中,选育抗性品种一般需要较长的时间,而抗性常常和优质丰产性状相冲突。

(2)合理的耕作制度

合理的耕作制度可以提高土壤肥力,使农作物生长良好,增强抗病虫的能力,如中耕既可以起到保墒的作用,还能同时清除杂草。

(3)间作套种

合适的间作套种不但可以增加土地收益,还可以起到抑制病虫害的作用。种植大蒜、大葱和韭菜能对许多农作物病虫害起抑制作用,有选择地在田间地头留一些吸引中性昆虫和天敌昆虫的植物如夏至草、泥胡菜等,并为这些昆虫提供栖息地,对控制农田病虫害均有重要的意义。种植绿肥和田间覆草可以改善土壤微环境,增加有机质,从而增强作物抗逆性,减少病虫害的发生。但是,间作不当可能会起到相反的作用,比如间作物如果紧挨果树,会与果树争肥争水,导致幼树萌芽率、成枝力低,生长受阻。果园间作瓜菜,如西瓜、萝卜、秋白菜等,会引发大青叶蝉加重为害。

(4)培肥土壤

合理施肥改良土壤,能改善农作物根系的生长环境以及营养条件,提高抗病虫能力,减少因病虫为害所造成的损失。但如果施肥不当,也能造成病虫发生和繁殖的有利条件。如过量施用含氮量高的有机肥会造成作物叶色浓绿,枝叶徒长,组织柔软,降低作物的抗病虫性。

(5)加强田间管理

适时灌溉、施肥,可促进农作物生长茁壮,增强抵抗力;适时中耕,可以改善土壤通气状况,调节地温,利于根系发育;清除杂草,摘除病叶,剪除病虫枝叶,可以减少病虫害的寄主,恶化病虫害生存环境,直接消灭病虫害。但是,在摘除带病虫枝叶时,必须小心装到袋子中,带出园外集中处理,不可随手丢弃,从而造成人为传播。

农业防治既经济又简便易行,能结合田间管理进行,并能长期起作用,具有预防的意义。但此法也有一定的局限性和复杂性,需要因时因地制宜,结合其他防治方法,扬长避短,进行综合防治,这样才能收到良好的效果。

2.物理防治

物理防治的方法包括人工捕杀和清除病株、病部及使用简单工具诱杀等措施。物理防治虽费劳力、效率低、不易彻底,但在尚无更好防治办法的情况下,仍不失为较好的急救措施。

(1)清园

农作物收获后,果园或菜园应及时彻底清扫落叶、杂草、僵果、虫果、病果、枯枝以及周围的杂草、作物秸秆等。鉴于我国农田有机质含量严重不足,作为有机质的清田杂物,我们不主张将他们集中焚毁。而是建议冬季深翻或深埋,或集中清理出农田,和人畜粪尿一起做堆肥,或者投入沼气池。发酵处理的过程会杀死大量的草籽、病原菌和虫卵,这既可以显著减少各种病虫草害源,降低病虫害越冬基数,也可以弥补农田有机肥不足。

(2)人工清除病虫草害源

如在果园里,冬春农闲时刮除老翘皮,刷除虫卵等措施。结合冬剪和夏剪,对树上的病枝、病叶、病果,虫、卵集中的枝、叶、果,有病虫的枝梢,僵果,虫苞等进行剪除。在果树休眠期,刮除主干、枝杈处粗老翘皮及腐烂病斑,消灭在果树粗老翘皮裂缝中越冬的病菌和虫、蛹、卵等。对介壳虫发生严重的枝干,可用硬毛刷子刷除越冬若虫、卵囊,以消除越冬介壳虫,降低虫口基数。人工清除病虫害源及病残体时,要随身带一个塑料袋或在树下铺一块塑料布,以收集各种病残体,集中带出果园做堆肥处理或投入沼气池,不可随意撒落在果园内或随意倒在路边、地头,以免造成人为传播。

(3)深翻除虫

冬季轮休的土地,在土壤封冻前冬耕,可以破坏土壤中越冬害虫的生存环境,有的害虫被直接杀死,有的翻到土壤表层或浅表层被鸟类啄食,或在冬季被冻死。深翻可减少很多病虫害的越冬基数。同时对于一些残留在叶子和在杂草上越冬的蚜虫、红蜘蛛类,在落叶卷叶中越冬的金纹细蛾、卷叶蛾类和毛虫类,可被翻埋到土壤深处而不能越冬,减少早期病虫的越冬途径。

(4)人工捕捉害虫

许多大型害虫如金龟子、叶甲、天牛等具有假死特性,可利用震击或摇晃植株使之落下,然后集中搜集并杀死。

(5)杀虫灯

主要利用害虫对紫外线有趋性设计而成,主要诱杀鳞翅目、鞘翅目害虫,一般单灯控制面积为2~3 hm^2。建议根据具体害虫羽化期开灯,以减少杀伤天敌。

(6)粘虫板

蚜虫、粉虱、潜蝇、梨茎蜂、绿盲蝽等多种害虫成虫对黄色敏感,具有强烈的趋黄光习性。大部分蓟马对特定的蓝色光谱粘虫板敏感。采用色板配以长效粘虫板,在农作物生长期坚持使用,可有效控制害虫发生,降低虫口密度,减少用药。粘虫板有时对天敌的杀伤作用也很大,因此要通过色谱分析确认能吸引害虫,但不吸引其天敌的光谱。诱虫板可以购买,也可以自制,在黄(蓝)色纸板上均匀涂抹机油或黄油等黏着剂即可。

(7)绑草诱杀

许多害虫有秋末寻找杂草、土缝等越冬场所的习惯,于秋末在田间堆放麦秸、杂草、玉米秆等,可诱使这些越冬害虫聚集在草束中潜藏越冬,入冬后可及时清除,深埋或投入沼气池处理,消灭越冬害虫,减少越冬害虫基数。

3. 植物检疫

植物检疫是通过法律、行政和技术的手段，防止危险性植物病、虫、杂草和其他有害生物的人为传播，保障农林业的安全，促进贸易发展的措施，是当今世界各国普遍实行的一项制度，具有法律强制性。

自然农业思潮中的五不原则和植物检疫是相通的。

4. 生物防治（生态控制）

现代病虫害生物防治是利用有益生物或其代谢产物（激素或提取物）控制有害生物种群的发生、繁殖，以减轻其危害。有益生物或其代谢产物包括昆虫天敌（捕食性、寄生性）、病原微生物、线虫、蛛形纲和一些脊椎动物，以及昆虫不育剂、昆虫激素及昆虫信息素等。生物防治对环境友好，能有效地保护天敌，发挥持续控灾作用。缺点是杀虫效果较慢，在高虫口密度下使用不能完全达到迅速压低虫口的目的。

近年来，随着植保理念和技术的发展，有人提出了生防植物的概念。生防植物包括对害虫具有引诱作用和拒避作用的植物、杀虫植物（直接具有杀虫作用，可加工成杀虫剂）、载体植物（携带有益生物，或携带有益生物和非目标的害虫的植物）、花期较长的显花植物（为天敌提供花粉或花蜜，从而提高天敌的控制作用）、抗性作物（具有天然抗虫性）等等。

增加农田生态系统中植被的多样性，可以吸引利用自然中的害虫天敌，田间人为选留或种植一些花期较长的植物，以招引寄生蜂、寄生蝇、食蚜蝇、草蛉等害虫天敌到农田取食、定居及繁殖。不使用化学农药，包括对害虫天敌有杀伤作用的生物源和矿物源农药，以减少对害虫天敌的伤害。行间种植光叶紫花苕子、紫花苜蓿等3～5年后，益虫比例会大幅增加。

在农田附近悬挂人工巢箱，为鸟类和其他害虫天敌动物营造栖息和繁殖场所，可明显增加益鸟数量。在果园内，害虫天敌大部分在树干基部土、石缝和主干基部翘皮缝里越冬。如小花蝽、小黑瓢虫在树干基部越冬，捕食螨、草蜻蛉、蜘蛛、黑缘红瓢虫在树干基部土、石缝里越冬。而多数害虫则在树体三主枝以上翘皮裂缝里越冬，如苹果小卷叶虫、星毛虫、山楂叶螨、苹果棉蚜、康氏粉蚧等。为了保护果园蜘蛛、小花椿象、食螨瓢虫等害虫天敌,可于树干基部捆草把或种植越冬作物,园内堆草或挖坑堆草等,人为创造越冬场所供天敌栖息,以利于其安全越冬。但同时,六点蓟马以及好多种寄生蜂也是在树皮裂缝处或树穴里越冬的。为了既能消灭虫害又能保护天敌,可根据害虫与天敌的习性,把果树刮皮工作分两次来做,即冬季只刮三主枝以上部分,春季刮主干,主干基部不刮皮。

5.化学防治

化学防治法是用化学农药防治动植物病虫害的方法。化学农药具有高效、速效、使用方便、经济效益高等优点,当前化学防治是防治植物病虫害的关键措施,在面临病害大发生的紧急时刻,甚至是唯一有效的措施。但化学农药使用不当可对植物产生药害,引起人畜中毒,农药的高残留还可造成环境污染,杀伤非靶标生物和有益生物,从而导致次生害虫变为主要害虫,并猖獗为害。长期大量施用还容易导致病原物产生抗药性。化学杀虫剂本身对生物就有毒性,虽然对人畜和非靶标生物的危害可能并不明显,但人们还是担忧长期积累造成潜在危害。为了保护环境和从生产源头保证食品安全,各种自然农业均不提倡使用化学药剂。

生态(有机)农业实践者不使用人工合成的化学农药和肥料,但对天然来源的农药和肥料选择也要谨慎。实际上,没有经过检测的矿物原肥中(如磷矿石、钾矿石)更可能含有一些重金属甚至是放射性元素,这可能会对土壤造成永久的伤害。一些生物农药、生物源代谢产物农药,如苦楝素、鱼藤酮等从本质上讲还是化学物质,也有毒性,只是生物源农药更环保,毒性和分解时间有差别,从逻辑上讲和人工合成化学物质有同样的风险。因此对于可持续农业实践者,病虫害防治中应该以"防"为主。

小结与讨论

有害生物综合治理就是在不引进外来危险有害生物的前提下,在培肥土壤,改善生态环境的基础上,综合应用耕作、施肥、选草等田间管理的农业方法，招引各种害虫天敌如鸟（建巢）、青蛙（旁建水池）、天敌昆虫（地面种花、草）等生物防治的办法，优先选用对我们人类没有毒害的，对环境安全的物理和化学方法，将病、虫、草害控制在可以容忍的范围内。

根据作用原理和应用技术，有害生物控制措施包括五大类，即农业防治、生物防治、物理防治、植物检疫和化学防治。

生态（有机）农业病虫害防治，应该以"防"为主。

害虫生态控制简介

赵慧龙[1]

导读:生态种植中虫害最让人头痛,一旦发生,会越来越多。前文我们已经讨论到害虫、益虫本来都是生态系统的元素,那么,有没有可能从生态系统的角度,尝试使害虫和益虫的比例恢复正常,也就是促进农田生态平衡的建立呢?

一、害虫生态控制简介

害虫生态控制是从农业生态系统整体出发,针对不同害虫的为害特点,在停止使用化学杀虫剂、充分利用自然控制因素的基础上,主要研究可控生态因素的人为调配,目的在于有效而持续地控制害虫种群的数量,以保证农作物的产量和质量不因害虫为害而造成经济损失。与传统的综合防治理论相比,它着眼于生态因素而不是化学农药,并因不施用化学杀虫剂而对环境不造成任何污染。

二、害虫生态控制的特点

1.以作物生态系统生物多样性恢复和保育为基础。

2.充分发挥自然控制系统对害虫种群的控制作用。

---

① 作者简介:赵慧龙,2016年毕业于华南农业大学农业昆虫与害虫防治专业,获硕士学位。

3.按照害虫种群系统控制的原理和方法，把各种非化学控制措施有机组配成人工生态控制系统，与自然控制系统共同作用。

4.达到既能控制害虫种群数量、保护作物，又能保证食品不受污染，实现环境免遭破坏的目标。

三、害虫生态控制系统

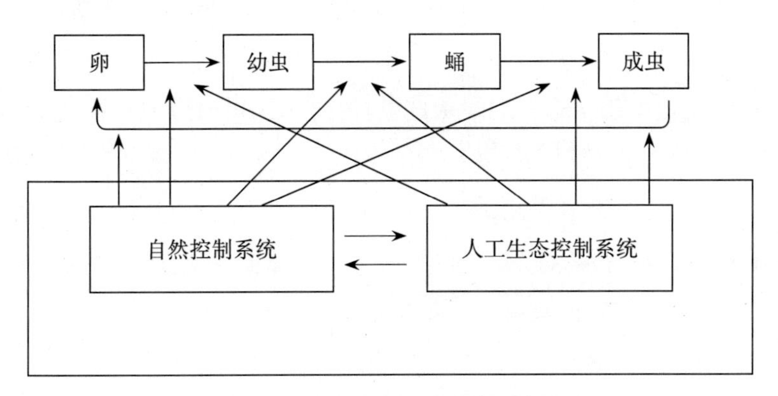

图3-1　害虫生态控制系统示意图

害虫的一生一般分为卵、幼虫、蛹和成虫四个阶段，害虫从卵开始，卵孵化成幼虫，幼虫继续生长发育变成蛹，蛹羽化成成虫，雌雄成虫交配产卵产生下一代。如果利用害虫生态控制系统措施对害虫在卵孵化成幼虫，幼虫生长发育成蛹，蛹羽化成成虫，雌雄成虫交配产卵这四个时期进行干扰，使卵、幼虫、蛹和成虫等各个阶段的存活率降低，或其中某个阶段的存活率降低，或可减少成虫的产卵数量，那么最终害虫产卵产生下一代的数量会降低，下一代害虫卵数量的降低意味着下一代害虫种群数量的降低，害虫的危害减轻。进一步，如果在害虫发生的每一代都利用害虫生态控制系统的措施对上述的害虫生长发育四个时期进行干扰，那么害虫种群的数量会一代比一代低，害虫种群数量持续降低，就达到了控制害虫危害的目标。

害虫生态控制系统由自然控制系统和人工生态控制系统组成。自然控制系统主要包括：(1)气候因子。气候因子又包括温度、湿度、降水、光和风等，它们可以直接影响害虫的生长、发育、繁殖和分布。(2)土壤因子。土壤的温度、湿度和理化性质以及土壤生物,对生活在土壤中的害虫产生较大的影响。(3)食物因子。食物的种类、数量和质量对害虫生长、发育、存活、生殖和种群数量动态都会产生显著的影响。(4)天敌因子。在自然界中,存在着害虫的寄生性天敌、捕食性天敌和病原微生物。天敌在害虫的控制中发挥着重要作用。

人工生态控制系统主要包括:

(1)农田生态系统恢复与重建。常规农田大面积种植单一作物,使用化学杀虫剂,导致农田生物多样性降低,农田生态系统结构单一、脆弱。有机或生态种植在停止使用化学杀虫剂的条件下,通过水稻田田边种植豆类植物和有益草类(胜红蓟等),菜田不同蔬菜合理布局及间种轮作,果园间作牧草等措施,可以增加农田生物多样性,使农田生态系统得到恢复与重建。据报道,台湾花莲农业改良场,曾耗时2年做田野调查,辅导银川种植有机米的7位农民,在水稻田间种马利筋、扶桑和金露花这些植物做绿篱,营造天敌的栖地环境。结果发现,稻田常见害虫飞虱的天敌橙瓢虫和长脚蛛增多了,还有草蛉、黄斑粗喙椿象、寄生蜂等天敌昆虫栖息。参与这项计划的农民相当高兴,因为他们不用再花钱买有机资材消灭害虫,恢复生态的自然平衡,维护稻米健康。

(2)生物防治。常见的生物防治措施有:

①保护利用农田天敌,例如保护七星瓢虫、草蛉、青蛙等天敌,田间种植能为天敌提供栖息场所和作为食物的植物等。

②人工繁殖和释放捕食性天敌与寄生性天敌,例如人工释放捕食螨防治叶螨,赤眼蜂防治玉米螟、小菜蛾等。

③应用昆虫病原微生物制剂,例如苏云金杆菌(Bt)防治小菜蛾和玉米螟,核型多角体病毒防治棉铃虫和斜纹夜蛾等。

④应用昆虫病原线虫制剂,例如斯氏线虫防治地下害虫和黄曲条跳甲。

⑤应用植物源农药,如印楝素、苦参碱、鱼藤酮等。

⑥应用非嗜食植物次生物质。害虫非嗜食植物(非寄主植物)产生的次生物质一般对害虫的取食、产卵等行为具有一定的干扰作用。例如飞机草、苍

耳、蓖麻叶等植物的乙醇提取物对褐稻虱具有较好的控制作用，飞机草和番茄的植物挥发油对黄曲条跳甲成虫具有驱避作用。

⑦应用昆虫信息素，例如利用小菜蛾性信息素诱杀雄蛾。

(3)作物抗性品种。选择种植既具有抗虫性、抗病性、抗逆性又具有良好品质的作物品种，可根据当地虫害、病害及不良环境的发生情况，结合当地气候、土壤、品种的风味口感营养等因素，因地制宜地选择作物品种，注意保护和利用当地老品种资源。

(4)农业措施。通过加强田间管理，清洁田园等措施控制害虫。

(5)物理防治。例如利用杀虫灯诱杀害虫，利用粘胶黄板、蓝板分别诱杀蚜虫和蓟马，利用防虫网阻隔黄曲条跳甲为害，利用果实套袋技术阻隔蛀果类害虫为害等。

自然控制系统和人工生态控制系统可相互促进。如水稻田种植草类技术属人工生态控制系统，该技术的实施可增加天敌本底的种类和数量，从而增强自然控制系统的控制作用。

四、以菜心举例说明害虫生态控制

1.菜心的主要害虫生态控制系统

为害菜心的主要害虫有黄曲条跳甲、斜纹夜蛾和小菜蛾，分别建立为害菜心的每种主要害虫的生态控制系统，结果如下：

(1)黄曲条跳甲生态控制系统

停止使用化学杀虫剂，恢复天敌本底；利用自然的环境因子；采用农业防治措施例如合理轮作，避免十字花科蔬菜，特别是青菜类连作等；采用生物防治措施，在黄曲条跳甲幼虫期和蛹期释放斯氏线虫，成虫期应用印楝素或苦皮藤；采用防虫网阻隔黄曲条跳甲。

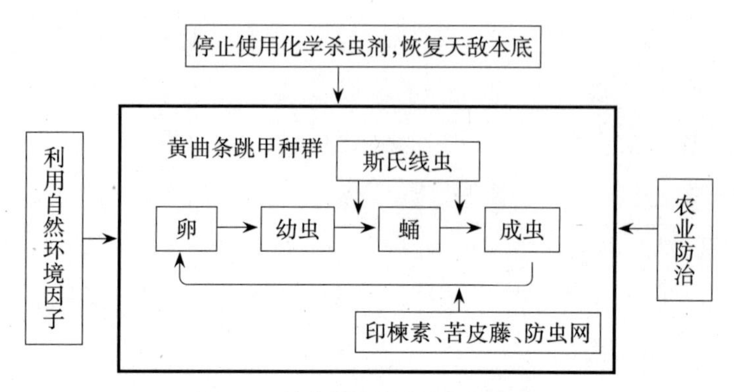

图3-2　黄曲条跳甲生态控制系统

(2)斜纹夜蛾生态控制系统

停止使用化学杀虫剂,恢复天敌本底;利用自然的环境因子;采用农业防治措施例如结合田间操作,及时摘除卵块和有初孵幼虫的叶片;采用生物防治措施,在斜纹夜蛾卵期释放赤眼蜂,在斜纹夜蛾幼虫期,应用苏云金杆菌、病毒和叉角厉蝽进行防治,成虫期应用性诱剂诱杀,利用印楝素或苦皮藤防治成虫。

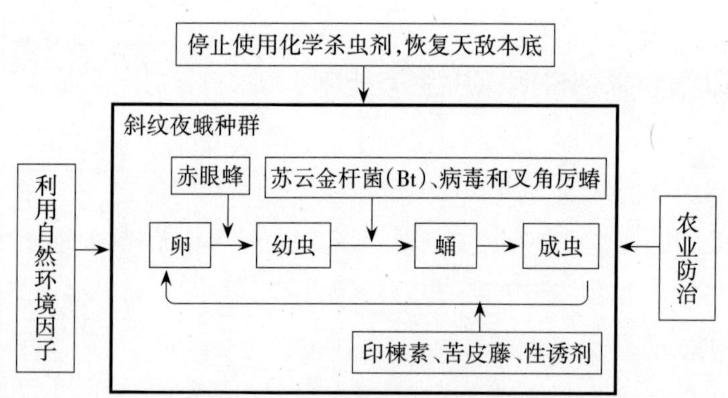

图3-3　斜纹夜蛾生态控制系统

(3)小菜蛾生态控制系统

停止使用化学杀虫剂,恢复天敌本底;利用自然的环境因子;采用农业防治措施例如合理安排蔬菜布局,避免十字花科蔬菜的连作;采用生物防治措施,在小菜蛾卵期释放赤眼蜂,幼虫期应用苏云金杆菌、病毒、啮小蜂和叉角厉蝽,成虫期应用小菜蛾性诱剂诱杀雄蛾,利用印楝素防治成虫。

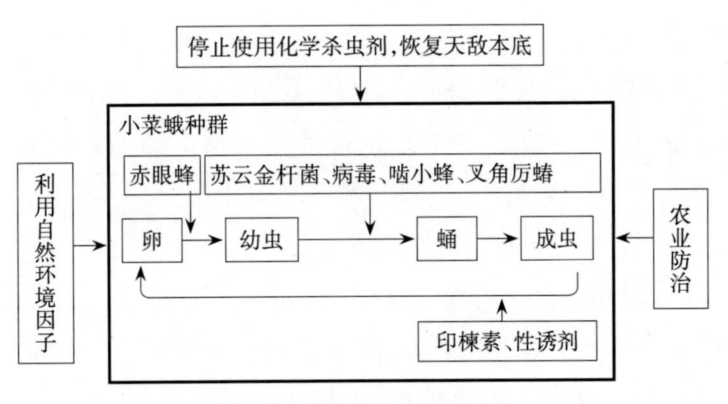

图3-4　小菜蛾生态控制系统

2.菜心生产过程中的害虫生态控制系统

停止使用化学杀虫剂,恢复天敌本底,发挥田间自然天敌的控制作用;合理安排蔬菜布局,避免十字花科蔬菜的连作,十字花科蔬菜可以与豆类、瓜类、茄果类轮作,也可以与大蒜、番茄等间作。按照菜心生长阶段和有害生物发生为害规律,因地制宜地制定有害生物生态控制系统。在菜心的子叶期、苗期、生长期和采收期,主要受到黄曲条跳甲、斜纹夜蛾、小菜蛾等害虫的为害,针对

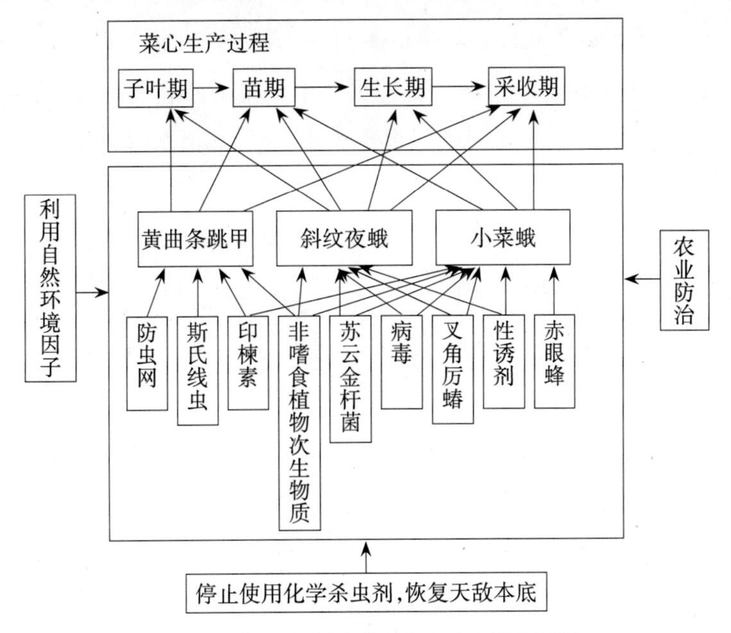

图3-5　菜心生产过程中害虫生态控制系统

黄曲条跳甲,可采用防虫网、斯氏线虫和印楝素等措施控制;针对斜纹夜蛾和小菜蛾,可结合田间操作,及时摘除斜纹夜蛾的卵块和有初孵幼虫的叶片;采用苏云金杆菌、病毒、赤眼蜂、叉角厉蝽、性诱剂、印楝素、非嗜食植物次生物质等措施控制。

五、实施思路

(1)在停止使用化学杀虫剂的条件下,调查作物种植环境中害虫和天敌的种类与数量。

(2)通过对作物种植环境的系统调查,明确为害作物的主要害虫种类。

(3)分别建立为害作物的每种主要害虫的生态控制系统。掌握该作物种植环境中每种主要害虫的为害情况和发生发展规律,以作物生态系统生物多样性恢复和保育为基础,充分发挥自然控制系统对害虫种群的控制作用,按照害虫种群系统控制的原理和方法,把各种非化学控制措施有机组配成人工生态控制系统,与自然控制系统共同作用。将各项生态控制措施,科学、合理、因地制宜地组配成主要害虫的生态控制系统。

(4)在建立为害作物的每种主要害虫的生态控制系统的基础上,根据该作物在生产过程中不同生育期的不同害虫种类,建立该作物生产过程中害虫生态控制系统。

(5)作物生产过程中会遇到虫害、病害、草害及其他有害生物,在完成作物生产过程中害虫生态控制系统后,可以根据实际情况,将病害、草害及其他有害生物的生态控制措施结合起来,形成作物生产过程中有害生物的生态控制系统。

(6)作物生产过程中有害生物的生态控制系统,还应该结合生产基地建设、品种选育、水肥管理、栽培管理、生产过程监控等组成作物生产管理体系。

(7)作物一般经过种植、采收、储藏、加工、物流等环节变成商品,作物生产管理体系只是保证了作物在种植环节的安全生产,作物在采收、储藏、加工、物流等环节也可能遇到一些有害生物和不良环境的为害，造成产品数量和质量的损失，例如有机稻米在储藏环节可能受到储粮真菌和储粮害虫的为害，这些问题应该得到足够重视。

（感谢华南农业大学农学院梁广文教授的指导和帮助！）

主要参考文献：

卿贵华，梁广文，黄寿山．叶菜类蔬菜害虫生态控制系统组建及其效益评价[J]．生态科学，2000(01)：36–39.

梁广文，张茂新．华南稻区优质有机稻米生产核心技术系统研究与示范[J]．环境昆虫学报，2008(02)：172–175.

梁广文．华南有机食品生产核心技术系统研究[C].//科技创新与绿色植保——中国植物保护学会2006学术年会论文集，2006：617–619.

钟平生，梁广文，曾玲．非嗜食植物次生化合物对褐稻虱实验种群的控制作用[J]．仲恺农业技术学院学报，2004(02)：13–18.

庞雄飞，梁广文．害虫种群系统的控制[M]．广州：广东科技出版社，1995.

彩万志，庞雄飞，花保祯，等．普通昆虫学[M]．北京：中国农业大学出版社，2001.

廖冬晴，梁广文，岑伊静，等．凤凰单丛有机茶园有害生物生态控制研究[J]．广西职业技术学院学报，2008(01)：6–10.

冼继东，梁广文，岑伊静，等．有机荔枝园区害虫生态控制系统组建及其效益评价[C].//科技创新与绿色植保——中国植物保护学会2006学术年会论文集，2006：673–677.

杨怀文．我国农业害虫天敌昆虫利用三十年回顾(上篇)[J]．中国生物防治学报，2015(05)：603–612.

杨怀文．我国农业病虫害生物防治应用研究进展[J]．科技导报，2007，(07)：56–60.

小结与讨论

害虫的生态控制从农田生态系统的水平上采取人工干预措施帮助生态平衡的建立。这就要求我们一方面要认识农田的这些昆虫生物类别,了解它们的习性和关系;另一方面要保持田间观察,了解各种生物的生命过程和发生规律,掌握它们的行踪。这样才能适时采取措施,起到事半功倍的作用,从而从长远和整体的角度促进农田生态平衡。

泰国米之神中心自然农法水稻病虫害管理技术

泰国米之神中心[①]提供资料

沃土可持续农业发展中心翻译整理

导读：泰国米之神中心的发起者迪查研究和推广自然农法水稻近30年，研究出一套成熟的自然农法水稻种植技术体系，其突出特点是成本低、产出高。沃土可持续农业发展中心的微信公众号曾经发过一个米之神中心的学员财耶蓬的案例，他从事自然农法水稻种植近20年，可以用相当于常规农业30%的成本生产出160%产量的稻米，而且品质优良。稻米在常规市场销售，仍然可以保证农户的收益。本篇文章介绍KKF病虫害防治技术。

KKF病虫害防治技术指导思想——认识自然、应用自然。水稻田中有害虫，也有益虫，自然界中的生物拥有自己的一套体系来调控彼此生存的平衡，这被称为食物链。除了改良土壤培育健康的作物之外，农民应该了解稻田中的昆虫所扮演的角色，农民驱赶害虫的行为实际上是取代了益虫的角色，这是没有必要的。同时，农民也应该有敏锐的观察力，当农田食物链失去平衡时，能够通过利用身边的资材制作自然农药等手段协助田间生物平衡的恢复。

① 泰国米之神中心（KKF）是泰国一个推广可持续农业理论及实践的非政府组织，正式成立于1989年，旨在帮助农民，引入可达到自然农业或生态上合理的农耕方法。KKF自然农法的学员目前已经遍布世界各地。

一、泰国农民在稻田中遇到的问题

1.过去的水稻种植

在过去,泰国素攀府的农民每年依靠自然降水种植一季水稻。他们称之为"当令稻田"。种植方法是移栽稻秧,种植的水稻为本地品种。每年一季的种植频率使得土壤有恢复肥力的时间,可以自然积累有效矿物质。秸秆还田,没有土壤退化。作物可以在不添加化肥的情况下自然生长。每一株作物都有足够的空间通风,也有足够的日照。这种条件之下,没有病虫害的扩散,因此也无须使用化学制剂来控制虫害。

2.当代水稻种植的改变

当灌溉被应用于农业生产后,水稻田就不再仅依赖于自然降水了。农民可以使用灌溉系统每年进行2—3次的水稻种植。

不同于移栽稻田,水稻种植方法已经改变。在非种植季,农民会在田里种植其他作物。他们也会焚烧秸秆,这破坏了土壤的矿物质和微生物环境,土壤由此退化。因此对化肥的需求增多。播种方式的不合理导致水稻无法获得足够的通风条件和日照条件,水稻田变成了适于害虫生存的环境。

化肥的使用加速了水稻的生长,水稻不健康,害虫也更容易破坏作物。农民不得不用杀虫剂来控制害虫,但也同时杀死了益虫。

3.化学制剂的残留

研究发现,农民无论何时在稻田里喷洒农药和杀虫剂,只有1%的化学制剂会真正接触并杀死水稻害虫。其余部分会残留在水和土壤中,一部分挥发进入空气,一部分被其他植物吸收。

化学制剂残留去向的分析如下:

10%挥发、30%随空气散播、15%没有与目标作物接触、41%没有与目标害虫接触、3%接触到了目标虫害但并不致命。残留在水源中的化学制剂会导致水生生物数量和种类减少。当人们食用这些体内累积化学残留的水生动物后,这些残留也会进入人体之中。

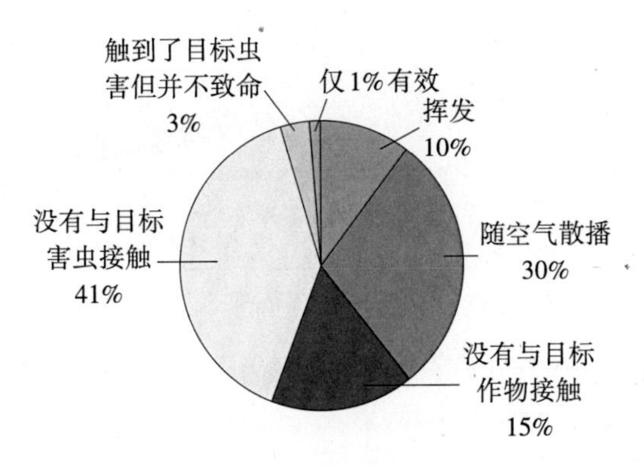

图3-6　化学农药去向

4.使用化学制剂的巨大危险

超过九成的泰国农民因生产中使用化学制剂而引发不良影响。化学制剂中毒的途径有三:呼吸、口服和皮肤接触。超过90%的中毒是皮肤接触导致的。中毒的状态主要分为两种:急性中毒和慢性中毒。急性中毒症状为头痛、眩晕、胸部疼痛、呕吐、皮疹、肌肉疼痛、大量出汗、抽搐、腹泻、呼吸困难、视力模糊,这些症状可能会导致死亡。慢性中毒会导致神经系统、生殖系统和免疫系统的紊乱。此外也会导致激素变化和消化道疾病,引起癌症、流产、死婴和儿童畸形。

5.环境破坏

曾经稻田生态中的生物很丰富,它们都是农民的食物来源,有俗语称之为"水中的鱼,田中的米"。现在的农民在稻田中施用化学制剂,前面的俗语随之变为"水中的化肥,鱼蟹全逃亡"。

稻田中土壤的质地变硬,空气中充满了化学制剂和污染。

大量的化学制剂残留在环境当中,并且多年难以降解。一个主要的问题是残留的时间,化学制剂的残留会引起难以预料的危害,这种危害随着残留量的增大而加剧。

6.生产成本增加

过去的水稻种植并没有什么成本,因为农民的劳作全靠自己,他们自给自足。在一个乡村社区中,也会存在互相帮助的情况。现在的水稻种植成本很

高,下面根据种植过程来对支出进行估算:

(1)整理土地,租用拖拉机犁地,价格为550铢/莱(1莱=2.4亩);

(2)除草剂成本,价格为200铢/莱;

(3)生产过程的所有化肥成本,价格为1750铢/莱;

(4)除草剂化学制剂成本,价格为500铢/莱;

(5)抽水机燃料成本,价格为250铢/莱;

(6)收割机成本,价格为700铢/莱;

(7)水稻种子购买成本,价格为550铢/莱;

(8)工人雇佣成本,价格为500铢/莱;

(9)稻田租用成本,1200铢/莱。

总额为6200铢/莱(2008年6月数据,合人民币约488元/亩)。

二、稻田中的生态系统(以泰国素攀府为例)

一般而言,稻田中的水稻害虫有多种自然天敌。这些天敌包括昆虫、蜘蛛和病毒,它们都会对水稻害虫进行消灭和控制,以使其数量处在平衡的状态,这种作用在不使用化学杀虫剂的稻田中尤为明显。同时,天敌也维持着水稻害虫的生存和繁衍。

稻田中存在着很多益虫和害虫,农人应该首先了解它们的区别。以下列出了来自于素攀府的农人学校所做的田野调查。在本文所述之外,稻田中实际还存在很多其他种类的益虫与害虫,大家可根据自己的情况进行调查。

(一)调查方法

首先到田间捕捉昆虫,认识、分类、了解与其他昆虫的关系,并了解其生活习性。其次,画出其食物链。

(二)对水稻危害严重的害虫

1.蓟马

蓟马体型很小,成虫体长1~2毫米。蓟马通常于稻苗期暴发。它们从水稻叶中吸取汁液，导致水稻叶由顶部开始枯萎，并逐渐从叶的边缘向中间卷缩。蓟马的严重扩散会导致所有水稻秧苗的枯死，在缺乏降雨所导致的干旱情况下尤为严重。

2. 东方黏虫

成虫为体色灰棕相间的夜蛾。它会危害处于植株幼体期和穗期的水稻，在水稻叶表面蚕食叶肉。幼虫长大后会吞食掉整个叶子仅留下茎秆，它同样也会吃掉水稻植株的下部（位于地面部分）。这一进食方面的特点很像水牛，因此它也被称为“稻穗剪切黏虫”。

3. 稻纵卷叶螟

成虫为棕色的小型夜蛾。它以水稻叶为食，并在进食过程中留下白斑，干燥后由白色转为棕色。稻纵卷叶螟幼虫长大后会在叶片上织网成苞，导致叶片卷曲形成管状（类似吸管），并通过这种方式将自己包裹于其中，造成水稻减产。

4. 稻飞虱

成虫的体色棕色或灰棕相间。无论幼虫还是成虫，都会从水稻植株中吸取汁液，导致叶片枯萎呈黄色，就像被热水烫过一样。因此这种危害被称为“虱烧”。它同样会传播水稻病毒病，引起感染水稻草矮病、齿叶矮缩病和黄萎病。

5. 稻黑尾叶蝉

这是一种小型吸吮性害虫，它们将卵产在茎秆和叶表面，幼虫在10天内发育成熟。水稻植株由于汁液被吸食而损伤。同时它也是矮缩致病病毒的载体，导致水稻减产。

6. 水稻螟

水稻螟会对水稻造成严重的危害。孵化后会从水稻苞叶上蛀洞，一直钻至茎秆。在起始阶段导致叶片干枯，水稻叶和水稻芽被破坏后，会变黄和枯萎。如果水稻螟在抽穗初期侵害作物，水稻芽会患病绝育，导致“白穗”的产生。

7.稻黑蝽

发育成熟后为吸吮性害虫,幼虫和成虫都会使用嘴部在水稻颗粒上蛀洞,在抽穗期从其中吸取汁液,导致水稻颗粒缩小。如果虫害发生在颗粒形成之后,稻粒在后期抛光加工过程中会被损坏。

8.稻瘿蚊

形似蚊子,但体色混杂了橘黄色与粉色。幼虫吸食水稻生长点汁液,致受害稻苗基部膨大,随后心叶停止生长且由叶鞘部伸长形成淡绿色中空的葱管,葱管向外伸形成“标葱”。水稻从秧苗到幼穗形成期均可受害,受害重的不能抽穗,几乎都形成“标葱”或扭曲不能结实。

(三)稻田益虫

1.步甲

成虫身体为黑棕色,以稻纵卷叶螟为食。在被稻纵卷叶螟卷曲的稻叶之中可以找到步甲。步甲幼虫的蛹喜居在堤坝或稻田的土里。步甲每天进食3~5只稻纵卷叶螟,成虫也会以稻飞虱为食。

2.蜘蛛

蜘蛛有八足,在稻田中可以发现很多种类的蜘蛛。一些蜘蛛以织网捕捉猎物,一些则会主动捕猎。稻田中的蜘蛛体型有大有小,有狼蜘蛛、高脚蜘蛛、山猫蜘蛛等。

(1)狼蜘蛛

大多数狼蜘蛛可在稻田间见到。它们一般会紧贴在水稻叶片上,于夜晚在水稻植株间以水平方向织网捕猎。喜食棕稻飞虱、稻叶蝉、稻纵卷叶螟。从稻苗期到收获季节均可发现狼蜘蛛。

(2)高脚蜘蛛

大多数高脚蜘蛛在田间出没。它通常紧贴水稻叶面,夜间在水稻植株间以水平方向织网捕猎。喜食棕稻飞虱、稻叶蝉、稻纵卷叶螟。从水稻植株幼苗到收获季节均可发现。

(3)山猫蜘蛛

山猫蜘蛛通常在水稻植株发育完毕的阶段出现。它们在水稻植株上以纵向织网,捕获猎物后,会迅速前去,用网缠住猎物再吃掉。常见的猎物有蚱蜢和稻蝽。

3.印度黄守瓜

该类甲虫类别多样,尺寸和颜色因种类而异。作为一种益虫,幼虫和成虫都以蚜虫、水蜡虫、棕稻飞虱、橘紫蛎蚧、粉虱、螨虫为食,此外还会进食小蠕虫和虫卵。

4.水黾

水黾是群居昆虫,以落入水中的棕稻飞虱为食。水黾幼虫捕食棕稻飞虱和有柔软躯体的小昆虫。水黾每天进食量为4~7只猎物。

5.猎蝽

猎蝽为独居昆虫,成虫体色为棕色,背部长有三个锋利的刺。可以捕食体型大于自身的猎物。它用锋利的针状嘴部刺入猎物体内,注入毒素使猎物无法逃跑,之后再吃掉猎物。

6.豆娘

成虫体色为绿色,并混有黄色和黑色。它的胃部呈尖细状。雄性豆娘体表颜色比雌性的更鲜艳。豆娘幼虫生活在水中,爬上水稻植株以棕稻飞虱幼虫和叶蝉为食。成虫喜欢在空中飞行捕捉同样飞行的猎物,此外也捕食位于作物上的稻叶蝉。

7.稻飞虱卵寄生蜂

吸取或捕食棕稻飞虱卵和稻叶蝉卵,导致猎物的卵失去孵化能力。是棕稻飞虱的主要天敌。

8.螽斯

中国北方称其为蝈蝈,是鸣虫中体型较大的一种,体长在40毫米左右,身体多为草绿色,也有的是灰色或深灰色,覆翅膜质,较脆弱,前缘向下方倾斜,一般以左翅覆于右翅之上。后翅多稍长于前翅,也有短翅或无翅种类。雄虫前翅具发音器。前足胫节基部具一对听器。后足腿节十分发达,足跗节4节。尾须短小,产卵器刀状或剑状。螽斯可以破坏虫卵,是水稻螟、多种虱虫和稻田害虫的天敌。

9.斑痣悬茧蜂

斑痣悬茧蜂属茧蜂科,大多寄生于2龄幼虫体内,被寄生者中毒麻痹,不再取食。雌虫会在甜菜夜蛾体内产3~5枚卵。幼虫会将寄主从体内吃掉,成虫会在寄主体外织网,包裹自己和寄主。4~8天后,成熟的寄生虫破蛹而出,存活期为6~8天。

10.稻螟赤眼蜂

寄主昆虫有二化螟、稻纵卷叶螟、稻螟蛉、稻苞虫等,主要危害水稻等作物。它在稻螟体中产一枚卵,发育成幼虫后,在宿主体内进食。宿主死亡后,幼虫会离开宿主体,在水稻空心茎里成蛹。

11.稻苞虫鞘寄蝇

寄主昆虫为稻苞虫、稻纵卷叶螟。稻苞虫鞘寄蝇在稻纵卷叶螟体内产1~2枚卵,幼虫相当凶猛,会在宿主体内消灭存在的其他幼虫。成虫会离开宿主和蛹,存活期为2~4天。

12.裹尸姬小蜂

一种在稻田寄生于黏虫、稻螟蛉、条纹螟蛉的膜翅目小动物。该蜂体型较小,蓝黑色,雌、雄蜂差不多,但是稍有不同。它们通常会在水稻叶周边飞行捕食。雌虫会在东方黏虫与食叶毛虫等昆虫体内产卵。当卵孵化成幼虫,会将寄主从体内吃掉。

(三)自制植物源农药

1.印楝树

将1公斤干燥或新鲜的印楝树种子碾碎,在20升水中浸泡24小时。有效成分会溶入浸泡液中,每20毫升浸泡液需要20升水来稀释,在傍晚喷洒到虫患部位(连续7天)。此法可根除蚜虫、叶蝉、潜叶虫、小菜蛾、稻螟、东方黏虫和瓢虫。

2.心叶青牛胆

将5公斤新鲜成熟的心叶青牛胆藤碾碎，在12升水中浸泡12小时。有效成分会溶入浸泡液中，每30~50毫升浸泡液需要20升水来稀释，喷洒虫患部位，此法对棕稻飞虱、叶蝉、稻螟和嫩梢蛀虫有防治效果。

3.多枝雾水葛

将1公斤多枝雾水葛藤碾碎，在20升水中浸泡48小时。有效成分会溶入浸泡液中，每50~100毫升浸泡液需要20升水来稀释，喷洒病虫患部位（连续3~5天）可防治立枯病、东方黏虫和其他毛虫。

4.姜黄

将1公斤成熟的姜黄碾碎，在20升水中浸泡24小时。有效成分会溶入浸泡液中，每1~2升浸泡液需要20升水来稀释，喷洒虫患部位（连续3~5天），此法对真菌有防治效果，此外还可以防止蛾类产卵。

5.生姜

将1公斤成熟的生姜碾碎，在20升水中浸泡24小时。有效成分会溶入浸泡液中，每1~2升浸泡液需要20升水来稀释，喷洒虫患部位（连续3~5天），此法对水果腐败菌、棕稻飞虱、疫霉叶枯病、东方黏虫有防治效果。

6.黄金雨树

将1公斤成熟的豆荚碾碎，在20升水中浸泡3~4小时。有效成分会溶入浸泡液中，每3~5毫升浸泡液需要20升水来稀释，喷洒虫患部位（连续3~5天），此法对东方黏虫、拟尺蠖、小菜蛾、卷叶蛾以及多种甲虫有效。

7.南美番荔枝（释迦）

将1公斤成熟的种子碾碎，在20升水中浸泡48小时。有效成分会溶入浸泡液中，按1∶2比例用水来稀释，喷洒虫患部位（连续3~5天），此法对东方黏虫和蚜虫等有效。

8.香茅

将1公斤树干和鲜叶碾碎，浸泡24小时。有效成分会溶入浸泡液中，每20~30毫升浸泡液需要20升水来稀释，喷洒病虫患部位（连续3~5天），此法对东方黏虫、拟尺蠖、小菜蛾、甜菜夜蛾、凤蝶、卷叶蛾、蓟马、叶锈病以及霜霉病有效。

9.豆薯

将1公斤新鲜成熟的种子碾碎,在100升水中浸泡48小时。有效成分会溶入浸泡液中,每30毫升浸泡液需要20升水来稀释,喷洒病虫患部位(连续3~5天),此法对东方黏虫、粉纹夜蛾、蚜虫、椿象、小菜蛾、多种蛾类有效。

10.菖蒲

将1公斤枝干碾碎,在40升水中浸泡48小时。有效成分会溶入浸泡液中,每20毫升浸泡液需要20升水来稀释,喷洒病虫患部位(连续3~5天),此法对东方果蝇、跳甲、谷螟以及多种土壤真菌有效。

11.辣木

将干燥成熟的叶子碾碎,按1:20比例与土混合,施用于出现虫害的作物土地上。此法在施用7天后起效,对所有种类真菌和根线虫等有效。

12.大叶马缨丹

将1公斤鲜熟叶和芽碾碎,在1升水中浸泡24小时。有效成分会溶入浸泡液中,每20~30毫升浸泡液需要20升水来稀释,喷洒病虫患部位(连续3~5天),此法对卷叶蛾有效。(注意:该配方成分也对其他昆虫有害,包括益虫)

13.木瓜树脂

将1公斤鲜熟叶和树脂碾碎,在40升水中浸泡48小时。有效成分会溶入浸泡液中,每20~50毫升浸泡液需要20升水来稀释,喷洒病虫患部位(连续3~5天),此法对白粉病和蚜虫等有效。

14.苦瓜

将1公斤鲜熟叶碾碎,在5升水中浸泡48小时。有效成分会溶入浸泡液中,每50~100毫升浸泡液需要20升水来稀释,喷洒病虫患部位,此法对稻蝽、跳甲、稻瘿蚊等有效。

15.鲜辣椒

将100克鲜熟红辣椒(很辣的)碾碎,在1升水中浸泡24小时。有效成分会溶入浸泡液中,每20毫升浸泡液需要20升水来稀释,傍晚喷洒病虫患部位(连续7天),此法对蚜虫、蓟马和多种蛾类有效,此外还可以防止蛾类产卵。

16. 万寿菊

将5公斤鲜花芽，在4升水中煮20分钟。有效成分会溶入煮液中，每20毫升煮液需要20升水来稀释，傍晚喷洒病虫患部位（连续7天），此法对棕稻飞虱、稻螟、粉虱和果蝇有效。

17. 大蒜

将100克鲜熟大蒜碾碎，在500毫升水中浸泡24小时。有效成分会溶入浸泡液中，每20毫升浸泡液需要20升水来稀释，傍晚喷洒病虫患部位（连续5~7天），此法对斜纹叶蛾、印度黄守瓜、菜粉蝶幼虫、霜霉病、白粉病和叶锈病有效。

18. 夹竹桃

将1公斤切碎的芽和鲜叶以及果实混合，在10升水中浸泡48小时。有效成分会溶入浸泡液中，每50~100毫升浸泡液需要20升水来稀释，喷洒病虫患部位（连续7天），此法对食籽类甲虫和蛀虫、斜纹叶蛾、小菜蛾、粉纹夜蛾、甜菜夜蛾、卷叶蛾和蚜虫等有效。

19. 野木薯

将1公斤野木薯碾碎，在1升水中浸泡10天。有效成分会溶入浸泡液中，每100毫升浸泡液需要10升水来稀释，喷洒病虫患部位（连续7天），此法对蚜虫、稻蝽、蜗牛等有效。

20. 鱼藤

鱼藤，属于豆科藤本植物，其根部含杀虫活性物质——鱼藤酮及类似物。鱼藤酮杀虫谱广，可防治800多种害虫，是三大传统杀虫植物之一。此法对水生有害生物有效，鱼藤根部比枝干和藤更为有效，但叶子效果较差。选用的鱼藤必须生长超过2年。将1公斤根部和藤碾碎，在30~40升水中浸泡3天。有效成分会溶入浸泡液中，每20~30毫升浸泡液需要20升水来稀释，喷洒病虫患部位（连续3~5天），此法对斜纹叶蛾、小菜蛾、生菜尺蠖、粉纹夜蛾、甜菜夜蛾、卷叶蛾、蓟马、蚜虫、叶蝉、飞虱、水蜡虫及对棉花害虫等有效。

三、实践者讲述

我们采访了迪查的一位学生财耶蓬。财耶蓬20年前接触自然农法水稻,开始的两年总也做不好,后来他明白了自然农法不是“懒人农法”,还是要学习很多农业知识的,也要自己做堆肥、微生物、生物农药。慢慢地,他的水稻越来越好,农田需要的投入也越来越少,如今土壤越来越肥沃,农田生态系统也很稳定。现在不用堆肥、不用土著微生物、不用生物农药也没问题了。不过他每年都会制作一些微生物和生物农药,以备因特别气候变化而发生病虫害所需。

小结与讨论

记得有一段时间,“什么都不用的自然农法”很受推崇,很多人学起了什么都不用的样子。岂不知那是别人费尽心血最终达到的结果,没有前期的努力,是不可能直接达到无招胜有招的境界的。财耶蓬的故事给我们一个很好的启示,认清自己的当下,遇到问题解决问题。从认识自然的昆虫和我们农作物的关系开始,观察农田生物的形态与发生发展规律,当自然界生物失衡的时候,通过我们的努力予以纠正,这才是一个好的农田管理者。只有不断学习踏实实践,我们最终才可以实现与自然和谐相处的、省力无为的自然农法。

需要注意的是,不同地区气候背景下植物和昆虫的种类不同,本篇介绍的是泰国素攀府地区的水稻病虫害情况,所用材料也是当地的作物。大家可以参考,观察本地害虫种类,寻找本地有类似作用的物种代替。

立君生态苹果园的病虫害管理

——果园的生态系统重建

李立君

导读：从事生态(有机)种植最怕病虫害，一旦发生没有可以用的特效生物农药，一般以预防为主。有意思的是，立君的果园对待病虫害的态度是当作“伙伴”，还可以帮忙果树更好地结果。他是如何“驯服”病虫害的呢?

一、前言

病虫害是生态种植者最关注的焦点，也是生产过程中最头疼的问题。许多同行朋友，在得知我们的生态苹果较为高产的同时，通常会提出一系列病虫害问题。有的问题是我熟知的，但有一些我确实没有任何接触，遇到自己非熟知的病虫害，我只能查查那种病害微生物或害虫的生活周期，根据情况具体分析尽量给出自己认为合理的防治方式。但是零碎的防治方法终究不是生态农业的合理路径，呆板的农业措施堆积会让我们在生态农业中，陷入无限的问题解决之中。这种经验积累式的生产方式在化学农业中较为实用，却一定不适合生态农业的长期运行，因为农业生态系统千变万化，问题层出不穷。因此，我在给予大家一些具体措施的同时，通常会对效果有些担忧，因为时间、地点不同，生态环境不一，效果也会有不同程度的变化。本文在此与大家一起讨论生态果园的病虫害防治思路，希望对生态种植者有可借鉴之处。

在说生态农业之前,我们必须给自己一个农业生态系统的氛围。记得首次接手生态果园的时候,我脑海中立马浮现各种病虫害发生的场景,脑袋里出现了一万个问号,那么多的病害和虫害！怎么防？怎么治？或许看到文章的朋友也打过问号,现在虽然种植过程中还是会有许多问题,但我最终还是脱离了问号,至少我们的苹果产量和品质表现都还可以,对初步的生态苹果种植来说,算是可以画个句号,该进入下一阶段的生态种植了。那么问号与句号间是什么呢？应该就是对农业生态系统的理解,了解并抓住规律,剩下的就是如何去处理的陈述式思维了。

生态苹果种植前,我最担心的虫害是红蜘蛛。多次见过红蜘蛛为害场面,苹果叶片焦煳,发展十分迅猛,发现晚了化学农药也无能为力。为此我物色了许多生物农药,以备在其发生时及时购买应用,连续等了几年,红蜘蛛没有出现。离我们果园不远处的常规种植园却每年都出现红蜘蛛,而且每年都为此用2—3遍化学农药。这个奇怪的现象让我找了很久的原因。我们的生态果园在我们接手前也是常规种植,之前也是每年都有红蜘蛛,不用化学农药后反而没再发生。石硫合剂对红蜘蛛有一定防治效果,但红蜘蛛发生时果园同样用了石硫合剂;如果说是瓢虫等天敌所为,也不该在长期监控中没有发现一个红蜘蛛。最后,只得出一个结论:我们的生态种植采取的包括土壤改良在内的综合措施营造的果园环境,不适合红蜘蛛的生长发育和繁衍。这大概就是对生态系统中生物与生物、生物与环境之间微妙的相生相克的解释,不具体不透彻,但很实用。

所以,我们在做生态农业之前,首先要考虑的并不是在没有化学农药的情况下,之前常规农业出现的病虫害到底应该怎么防。我们应该有这样一个预期:当某种农业生态体系构建完成之后,有很多病虫害会离奇消亡,剩下的又有很多受到系统内其他生物或条件的制约,并不会如想象中猖狂。也就是说一大堆问题是在我们做生态农业时,无意中就给解决掉了。当然问题不可能都解决掉。总会留给我们几个较为棘手的病虫害,我们可以在没有了那么多繁杂问题笼罩的情况下,认真落实解决。

二、病害问题

首先说一下病害。由于病原微生物在暴发前肉眼是看不到的，所以病害的发生就意味着已经有很多病害菌了。有些病害，用化学药剂确实可以有效控制，但是生态农业没有这一选项，我们要做的只能是防。拿苹果来说，百分之九十的病害微生物为真菌。真菌大都喜欢阴暗湿润、温度较高的环境，所以适当加大行间距、少留枝条，风光条件解决了，真菌就不会猖狂了。同样道理，一年总会有些闷热天适合病害菌的发生。所以，遇到高温潮湿的天气，我们就需要注意防范了，苹果上喷点儿波尔多液或石硫合剂（两者择一，不能混用），抑制病菌在果树上的繁衍，就基本可以预防病害的大面积发生。病菌的生长繁殖也需要空间，土壤、枝干是其暂时寄居的场所，一旦时机成熟就会出来为害。

枝干涂白是比较好的防病虫措施，但土壤的立体通透结构决定了没法用类似涂白的方式进行防护。如果土壤中病害猖狂，就是“邪压正”的状态，“扶正除邪”便百病消退。我们扶正的方式就是投入大量的有机质并同时引入有益菌（自然发酵的堆肥含有丰富的有益菌），有益菌有了，它们的食物——有机质也有了，再有个合适一点儿的温度和湿度就可以大量繁殖。有益菌不但有占位作用，产生的代谢产物和抗病孢子同样可以抑制有害菌的繁衍。这样的围追堵截，有害菌大军就被击溃，问题就大致解决了。如果有哪一年气候或其他条件特别适合病害发生，我们也是要接受现实的，生态农业本身就是要与各个因子相结合，要的不是成功而是成功的概率，希望大家有个合适的心态。

三、虫害防治

相对于病害，虫害讲起来更为直观。虫害的防治总结起来是“围追堵截，但留生路”，高者抑之，下者举之。如果在农业生态系统中，虫害猖獗，为害严重。我们就需要想办法从各个角度，抑制虫害的生长和繁殖。可能有人会提出,“下者举之”是什么意思?难道还要刻意去培养害虫吗?我想是的,如果害虫的发生过于羸弱,那么农业生态系统中的这一环,就出了问题。生态体系难以正常运转,当然不是什么好事儿了。在这个时候我们就需要适当地培养害虫,理顺食物链中的重要环节,为农业生态系统的健康发展扫清障碍。

相信大家在经历许多害虫洗礼之后,首先关心的是,如何做到高者抑之。一般情况对于一种作物来说,能达到为害程度的害虫种类并不多。农业体系是复杂的,但对于单种作物的虫害防治,我们首先应该做减法。苹果虫害算是较复杂的,我拿出其中几种,和大家一起把思路理一遍。首先我们需要稍微抑制一下虫害的发展,大家都知道,害虫基本上都是小个体、多数量。早期石硫合剂,可以杀灭虫卵和幼虫,对害虫防治效果较好,前期喷用清园,降低害虫基数,接下来再细化调控。很多朋友会问益虫不会连带受影响吗?也会,但是通过食物链起作用的益虫个体相对较大(如螳螂),石硫合剂难以杀灭,螳螂也就基本不受影响了。重要的益虫瓢虫以成虫在暖和处藏冬,早期喷用也基本不受影响。部分益虫也会被杀灭,但整体来说石硫合剂是“惩恶扬善”的。

接下来我们细化一下虫害防治。先说一下移动性比较弱的苹果害虫,如蚜虫和介壳虫。蚜虫主要是黄蚜和棉蚜。棉蚜早春发、晚秋毕,若不控制为害严重。春季石硫合剂已经大杀棉蚜锐气,后期的繁殖扩散起于主干和伤口处。在害虫集中期喷用五度的石硫合剂,便可消灭棉蚜,但如果扩散至小枝,嫩枝和叶子就受不住五度石硫合剂的灼烧了,低度又难以杀灭棉蚜,起不到理想效果。所以经常观察、及时防治是至关重要的。

介壳虫移动性更弱,幼虫时期尚有一点儿活动能力,一旦进入成虫阶段,便结壳覆于植物体表面,吸食汁液,安度晚年。实际上介壳虫繁殖能力相当惊人,若不防控,通常势不可挡。那我们该怎么防治呢?既然介壳虫成虫如此之“懒”,我们就需要抓住它这个缺点进行防治,我当时首先想到的就是油脂类的物质,因为油类物质可以形成封闭膜,封闭之后,对于不会移动的难以逃逸的害虫来说是致命的。搜寻相关油类物质之后,找到了纳米矿物油,说明书上写的是对治介壳虫虫害效果极佳,正合我意。用后自然起到了很好的作用。

做个小结，棉蚜前期群集于树干及其附近，扩散前集中处理，省时省力效果好。相似的一种虫子是美国白蛾，大家应该都知道白蛾幼虫的可怕，我们果园曾经发生，解决方法就是集中期剪除销毁，极为简单，一亩地一个人两个小时就可以搞定。对于没有移动能力的小个体害虫，我只想说声对不起，弱点明显就会不堪一击。

鳞翅目害虫是果蔬方面比较普遍的虫害，不同大小的青虫、毛虫在生态农业中总会有一席之地，它们也是我们做农业的重点交流对象。预防鳞翅目害虫分幼虫和成虫两种。害虫成虫大都在夜间活动，幼虫则基本不分昼夜。首先我们要明确从哪个环节入手解决。现在物理防治方式捕虫灯，就是利用夜出成虫趋光的特点。但是捕虫灯有两个弊端，一是普遍使用后随着害虫的进化，高比例吸引率未必能保持下去，如果捕虫灯对成虫的吸引力随时间下降，这将会成为这种方法的致命问题；另一个就是捕虫灯吸引成虫之后，能不能有效地将其捕捉控制住，不能有效控制便成了吸引害虫。

生态农业的虫害防治最终还要归根于生态，天敌防控。但是大部分天敌是鸟类，大部分鸟类的特点又是昼出夜伏，所以利用鸟类控制害虫，只对幼虫起较大作用，而且鸟类难以控制，难以驯化。只吃害虫的鸟类饲养难度大。同时吃害虫和农产品的鸟类，比如麻雀，难以控制其有害性。所以饲养鸟类控制虫害的成本和难度都非常大。

那我们应该在生态农业中，用什么样的思路，去控制害虫的成虫呢？鸟类暂且放一放，可以在适当时期在农业生态系统上营造适合鸟类生长的条件，但目前做不到饲养。我们还是应该把精力多用于夜出的两栖类和兽类。一方面要考虑捕食能力、捕食量，一方面要衡量引进难度和饲养成本。青蛙和蟾蜍的捕食量较大，相比之下，蟾蜍的捕食量更大，而且大部分都在夜间捕食，对环境要求也特别低。所以蟾蜍是我们应该选择的一种非常优质的害虫天敌。兽类方面夜间出行的不少，但是以昆虫为食的较少，小型兽类蝙蝠是以昆虫成虫为食，而且有冬眠的习性，降低了饲养难度。甚至可以建造适合蝙蝠栖息的场所，来增加生态农业系统中蝙蝠的种群数量。但是由于蝙蝠的体型较小，而且捕食的是飞行中的害虫,只有小型的飞蛾类的害虫,才是其捕食对象,虽然可以集群大量消灭害虫成虫,但具有一定的局限性。

害虫成虫的生活习性与害虫天敌的活动,是自然界害虫逃避天敌与其天敌捕食特征结合在一起的一个复杂的进化现象,我们难以左右。但在这个相生相克的世界里,我们的思路就应该定格在更多的夜出型的以昆虫为食的鸟类和夜出型以金龟甲等大型害虫为食,最好具有一定的爬树跳跃能力的其他类型的动物上。具体的内容我掌握得并不全面,但我相信这个思路一定是正确的,如果找到具有上述特征的天敌时能够成功饲养释放,并能做到低成本易操作,这将是农业方面的一个伟大的革命。希望能有幸发现我们的目标物种,并成功培养繁殖,大量用于将来的生态农业当中去。只要我们用心观察,在害虫某个薄弱环节将其抑制,就会得到很好的防治效果。大家一起努力,用心发现,用清晰的思维和敏锐的灵感,推进我们达到共同的目的。

四、农业生物多样性环境打造

最后说说农业环境。我们经常会说土壤是很重要的,但大家可能对其重要性的理解还是有一定局限性:一般会首先想到作物中的矿质元素来自于土壤,大家还会关注到土壤有机质含量是农业生产的重要因素。但是作物难以直接吸收有机质,需要经微生物降解为可溶性化合物或者矿质养分方可利用,也就是在养分方面有机质相当于化肥,但肥效慢很多。那用化肥就好了,有机质有这么重要吗?是很重要,有机质除了能为作物提供养分,保水保肥,增加土壤透气性之外,还有一个很重要的功能就是,为丰富的农业生态系统提供物质准备。有益微生物、土壤动物的繁衍和发生都在土壤中复杂地进行着。我们不知道微生物分解养分的同时释放多少抗病孢子,不知道大量的蚯蚓为我们加工了多少上等的有机肥:蚯蚓粪。我们只知道植物比预想的要健康,产量比预想的要高。这就是生态作用。土壤启发我们适当的环境造就健康的农业,那我们的视角稍微提高一些,结合土壤生态打造农业地上生态环境。

在果园，可以在树下直接种吸引害虫天敌的花草，大家知道害虫与其天敌出现的时间往往不一致，比如苹果蚜虫暴发时，瓢虫数量并不能马上跟上，等到瓢虫大量出现果树可能已经遭受较大损失。那如果果园里有冬小麦，较早就有蚜虫，较早养育了大量瓢虫，等苹果蚜虫暴发时直接就可以起到有效作用。同样的，其他的病虫和天敌，需要根据其发生规律和喜食特点进行植物水平的农业生态打造。每位农人的作物搭配和环境条件不同，病虫害发生情况不一，为了不限制大家的思维，就不再列举，希望大家能一起投入农业生态系统中，解决属于自己特有的问题。

小结与讨论

"授人以鱼不如授人以渔。"立君比较完整地呈现了自己分析解决问题的思路。其中发挥关键作用的有两点：一是生态系统思维，不是对立地看待"病虫害"，而是把其看作生态系统的要素，合理调控；二是重视生态环境的打造，生态农业的病虫害防治最终要归功于生态平衡，也就是多样化的植被、多样化的昆虫，相生相克，彼此制衡。

银林生态农场的有机蔬菜病虫害管理

郭 锐

导读:有机蔬菜栽培一旦遇到病虫害,损失惨重。因此,要做长线规划,有备无患。郭锐经过十年的蔬菜栽培,积累了很重要的心得思路:在土壤改良做好的基础上,预防各类病虫害,要做到胸中有“丘壑”。

一、引言

我在2009年开始种植常规蔬菜,每天凌晨三点就会拉菜去镇上的批发市场卖。卖完菜后,菜农们就会聚集在农药店交流种菜心得。在那里我学到了蔬菜的化学防治技术,并应用到自己的菜地里。我们虽然喷各种各样的农药,但蔬菜的病虫害总是层出不穷。病虫害总是花费我们很多的精力。

到了2013年,我开始转为有机种植,停止使用农药化肥。刚开始蔬菜的病虫害也是挺多的,我们就需找各种有机种植允许使用的生物制剂来防治,但效果不理想,蔬菜产量和品质都比较差。直到2014年底,我在沃土可持续农业发展中心主办的返乡青年交流会上了解到堆肥和土壤改良的一些方法后,我在2015年开始用中药渣和自家猪粪做堆肥,并大量施入土壤做改良,慢慢看到蔬菜长得越来越好,病虫害也越来越少了。2016年下半年,我在使用中药渣堆肥的同时配合使用稻草覆盖技术,观察到蔬菜长得更好。我知道这跟微生物的丰富有很大关系,但还不清楚它们如何发挥作用。直到我参加2016年11月初沃土可持续农业发展中心在北京举办的生态农业工作坊(含土壤改良课程)后,我才茅塞顿开。原来我的这些改良措施无意中改变了土壤的物理、生物、化学三大特性,创造了一个适合蔬菜和微生物共同健康生长的土壤环境。

健康的土壤环境一定是结构疏松、微生物丰富、养分均衡的状态。只有在这种状态下,蔬菜长得健壮,才不会出现病虫害的问题。所以要解决病虫害问题,首先要解决土壤的问题。解决土壤问题要从土壤的物理性、生物性、化学性入手。首先要考虑改善土壤的物理性,才有利于改善土壤的生物性,进而才能改变土壤的化学性。土壤具有良好物理性的表现就是形成团粒结构。团粒结构的形成需要持久性腐殖质的参与,持久性腐殖质来源于难分解有机物。因此,用难分解的有机物做成堆肥施入土壤中可以促进土壤团粒结构的形成,从而改善土壤的物理性。当具有良好的团粒结构时,其非常有利于微生物的生长。而难分解有机物在堆肥的过程中可以促进多种微生物的繁殖,这些微生物进入团粒结构的土壤后保证土壤微生物的多样性,抑制某些有害菌的大量繁殖,从而避免病害的发生。土壤微生物可以分解土壤中的有机物,并释放出植物可以吸收的营养元素,从而改变土壤的化学性。营养元素丰富且均衡的土壤种出来的蔬菜才健康,才能避免病虫害的发生。

二、有机蔬菜病虫害日常管理的要点

我们从土壤改良入手,先从根本上避免蔬菜病虫害的发生,再从以下几个方面去解决病虫害的问题。

1.适时、适地、适种

每一种蔬菜都有喜欢的气候条件和土壤条件,了解每种蔬菜的喜好,合理安排种植时间和种植地块,营造适合蔬菜生长的土壤条件,才是解决蔬菜病虫害问题最轻松的办法。

2.覆盖

对土壤进行覆盖,可以维护一个温、湿、松的土壤环境,这样的环境非常适合土壤微生物的生存繁殖,从而有效控制病虫害。不管是干草覆盖还是生草覆盖都能达到同样的效果。

3.轮作

不同科的蔬菜轮作或者水旱轮作也是减少病虫害的有效手段。比如十字花科的叶菜类蔬菜跟茄科的番茄、辣椒轮作,甚至和水稻轮作,可以减少同类蔬菜的虫卵不断扩大繁殖,危害蔬菜作物。

4.间作

可以利用不同科属的蔬菜病虫害不一样的特点进行间作,也可利用不同蔬菜高矮不同的特点间作。间作还要了解各种蔬菜的生长特性和植物化感作用来合理安排。间作的主要优势:

(1)充分利用土壤与立体空间,比如架作荷兰豆与较矮的青菜类间作,提高土地利用率,增加产量。

(2)通过高密度种菜抢占生态位,减少杂草滋生,相对降低除草成本(而如果安排人工拔草会增加成本),比如茄子与小白菜间作。

(3)增加植物多样性,促进生态平衡。通过食物链的链条,不难理解,植物的多样性会引起昆虫和微生物的多样性,从而促进农田生态多样性,减少大面积发生单一病虫的概率。

(4)保持水土。通过间作,减少地表裸露面积,植物的根系起到保持水土的作用。

(5)降低风险。如遇不可控病虫害或者霜冻等逆境环境,某一种作物减产或者绝收的情况下,还能收获间作的蔬菜。比如银林农场番茄和小白菜间作,一场霜冻番茄死亡,但一些耐冷的小白菜还有幸存,不会造成一下没了收入。

5.生物多样性

包括微生物多样性和植物多样性。微生物多样性需要从土壤改良入手,前面已经说过。植物多样性则从种植安排上入手。我们种植有机蔬菜应尽量避免大面积单一种植,要与间作结合起来,同时还应尽量保留蔬菜周边的杂树杂草,为各种昆虫提供栖息环境。

6.物理防护

主要是指通过一些设施和材料营造适合蔬菜健康生长的小环境，如建造遮雨大棚、防虫网室、防虫网小拱棚等来减少病虫害的发生。例如番茄、辣椒、青瓜等怕雨水的蔬菜种在遮雨大棚里可有效控制土壤水分，从而大大减轻病害的发生。又例如用防虫网搭建小拱棚，配合粘虫板、稻草覆盖来种植十字花科的蔬菜也能有效控制跳甲为害。

7.生物防护

了解一些生物农药的特性，当病虫害发生的时候可以使用一些生物农药去防治。例如棉铃虫多角体病毒对鳞翅目昆虫非常有效，白僵菌对地下害虫也很有效。枯草芽孢杆菌对一些病害也有比较好的预防效果。

三、常见有机蔬菜病虫害

1.十字花科蔬菜主要病虫害

为害十字花科蔬菜最严重的是跳甲，其次是菜青虫、棉铃虫之类的鳞翅目昆虫。对付跳甲没有有效的生物农药，所以最好的办法还是物理方法，我们的经验是搭防虫网并在网内挂黄板可有效控制跳甲为害。而对付鳞翅目昆虫比较好的是棉铃虫多角体病毒、甜菜夜蛾多角体病毒。多角体病毒专性比较强，对益虫无害，并可以重复感染，防控时间长。而鱼藤酮、除虫菊素、苦参碱等也比较有效。

2.茄科蔬菜主要病害

茄科蔬菜尤其是番茄病害有很多种，如青枯病、病毒病、枯萎病、早疫病、晚疫病、叶霉病等等，它们一般是由土壤不健康或湿度过高导致的。因此预防这些病害首先要从土壤入手，可以通过增施植物体有机肥，保持土壤疏松，培育土壤的微生物多样性。另外遮雨栽培是降低湿度最有效的方法，同时起高垄加单行种植来增加通风、透气性，也可减少病害发生。当病害初现时，可选择地衣芽孢杆菌、木霉菌等加水稀释灌根，用枯草芽孢杆菌或丁子香芹酚喷雾，也有一定的效果。

3.瓜类蔬菜常见的虫害

瓜类蔬菜常见的虫害有瓜果实蝇和黄守瓜。瓜果实蝇没有有效的生物制剂可以杀灭,只能通过诱杀的方式来控制,其中以含性诱剂黄板或者粘胶的防治效果较好。要在4~11月进行诱杀,每半个月补充一次,要持续控制害虫数量。对于黄守瓜也同样没有有效的生物农药,最好还是盖防虫网来保护幼苗,另外上棚后,挂黄板对黄守瓜也有诱杀作用。瓜类的病害最主要就是根腐病、白粉病和霜霉病,防治方法跟番茄类似。

4.豆科蔬菜常见虫害

豆科蔬菜主要虫害是豆螟和蓟马,用棉铃虫多角体病毒可防治豆螟。蓟马可选用鱼藤酮和除虫菊素类。病害则以锈病、白粉病等居多,用枯草芽孢杆菌、大黄素甲醚、丁子香芹酚等有一定效果。

总之,有机蔬菜病虫害的防治,我们首先要考虑如何防,而不是如何治。从土壤入手,营造微生物多样性和植物多样性的环境就能有效控制病虫害的发生,这样防治,才会事半功倍。

小结与讨论

如本文所强调的那样,有机蔬菜栽培病虫害防治,首先从土壤改良开始,尤其是以难分解有机物制作堆肥,改善土壤物理、生物、化学环境,培育健康作物。其次要观察、了解本地各类蔬菜在什么时间容易发生哪类病虫害,根据其发生条件特性从栽培管理和物理、生物等方面做好防治措施。

常见作物病害巧归类与妙防治

杨景勇[①]

导读：俗话说，“对症下药”。认出病害，是做好防治的第一步。本文作者有十几年的在乡村一线推广农技的经验，他根据特征和原因对病虫害归类，给我们的实践提供了很好的参考。

植物和人一样，也会生病，也会不舒服，而且病的种类也非常多，作为非专业人士很难辨别和分清楚是什么病，什么原因造成的，专业人士也需要多年的实操经验才能了解，这给农业生产管理带来了许多的不便。我们在学校学习的识别与防治采用的是病害病理学的西医方式，系统学下来至少三四年，再加上实践，没有十年的功底难以驾驭如此繁多的病虫害防治技术。而中医却将人类众多的病痛归为十八症，再以“望闻问切”的方式，根据实际情况做调整，也很精妙，但入门和处理一般的问题会简单许多。基于此，针对众多非专业的农业实操者，我结合这些从事农技推广的经验，用通俗易懂的方式归纳整理了部分问题，希望能对大家有所帮助或启发。

① 作者简介：杨景勇，武汉市小农夫生态农场创始人，从事农技推广工作多年，服务于一线，深知农业滥用农药化肥激素的现状。为了让刚出生的孩子吃上安全食品，开始了租田种菜，后来为了让更多的孩子也能吃上放心菜而创办了武汉市小农夫农业有限公司，“让菜有菜味儿，肉有肉味儿，人更有人味儿”是他追求的原味生活。

一、简述

各类农作物常见病害种类繁多,在实际生产中更是千变万化,但根据引起病害的微生物种类可以分为三类,即高等真菌、低等真菌和细菌。其中前两种一般是由田间营养过剩引起的,细菌性病害一般是由田间营养缺乏,作物长势较弱引发的。高等真菌引起的病害症状表现一般是呈点、斑、干、粉、锈、毛状,这类病害可以用硫黄和木霉菌防治。低等真菌引起的病害症状表现一般是疫病、霜霉病,这类病害可以用枯草芽孢杆菌防治。细菌性病害症状表现为薄、透、破、腐、烂、臭,这类病害可以用春雷霉素。

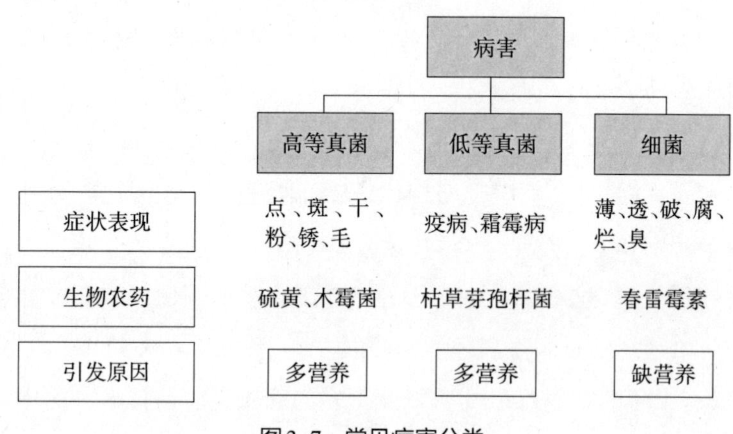

图3-7　常见病害分类

相关病害统计分类如下:

(1)点、斑、干类:炭疽病、黑痘病、褐斑病、靶斑病、轮纹病、黑星病。

(2)粉、锈、凸类:白粉病、锈病。

(3)毛、霉、萎类:灰霉病、赤霉病、菌核病、根腐病、立枯病、枯萎病。

(4)霜、疫、猝类:霜霉病、疫病、猝倒病。

(5)薄、透、破类(指的是患病部位的症状,例如,叶片患病部位会越来越薄,太阳底下照有透明的感觉,发病后期该部位会破裂):角斑病、白斑病、溃疡病。

(6)腐、烂、臭类:软腐病、黑腐病、青枯病。

二、不同类病害的防治策略

1.点、斑、干类

黑点、白点、斑块这些有明显破坏组织的症状我们统归为一类，其共同特点为：

A：都有明显的点、斑症状，而且症状比较明显；

B：随着发病程度，逐渐干瘪；

C：此类病害同属于高等真菌。

防治方案：

A：注意忌忽干忽湿，不在高温天气浇水管理；

B：提前用有益菌（枯草芽孢杆菌）浇灌，增加有益菌菌群，提前占位；

C：抗菌药剂一般可选用硫黄（80%）1000倍处理，注意个别敏感作物避开30 ℃以上高温天气。

2.粉、锈、凸类

有粉末的、有锈斑的、在作物表皮之外有粉末状物品的，归为一类。

共同特点：

A.都有明显的粉末状物品附着在作物表面，用手可以擦拭得到；

B.此类病害喜欢高温干旱，天气越热越干，发病速度越快；

C.此类病害同属于高等真菌；

D.此类病害病状一般都在叶片正面。

防治方案：

A.注意勿过于干旱，做好及时灌溉；

B.抗菌药剂一般可选用硫黄（80%）1000倍处理，注意个别敏感作物避开30 ℃以上高温天气；

C.此病主要在氮肥含量偏高、密闭不通风和高温环境下发病偏重，因此应注意疏剪，通风透光。

3.毛、霉、萎类

长毛、长霉层、萎蔫等,随着病情的发展,毛霉等越明显,其共同特点:

A.都有明显的粉末状物品附着在作物表面,用手可以擦拭但不粘手;

B.此类病害喜欢低温高湿,温度越低湿度越大,发病速度越快;

C.此类病害同属于高等真菌,但菌源不同;

D.此类病害侵染果子、叶片和根部。

防治方案:

A.注意调控温度和湿度比例,增强通风透光及温度的提升;

B.抗菌药剂一般可选用哈茨木霉菌处理,需要提前预防,在苗期就开始预防。

4.霜、疫、猝类

"大灾之后必有大疫"—— 自然灾害(大雨、冰雹、霜冻、高温、高湿、低温)之后,常伴随急性传染疾病的大发生,特别是烈性瘟疫,可能朝发夕死,造成十分严重的后果。

A.霜、疫、猝等病害有个共同的特点就是发病部位会有一层像霜一样的霉层;

B.这类病害还有一个特点是发病和传播速度非常快;

C.此类病害同属于低等真菌、鞭毛菌。

防治方案:

A.天灾来临前做好防御工作(覆盖、遮蔽……);

B.提前用有益菌(枯草芽孢杆菌)浇灌,增加有益菌菌群,提前占位。

5.薄、透、破类和腐、烂、臭类

薄透破、腐烂臭同属细菌性病害。细菌性病害发病速度比较快,防治方法比较单一,用药不慎对人有较大影响,需要注意管理方法,细菌由于个体比较大,一般发病要与外部环境因素相配合。其共同点:

A.此类病害发病会有臭味、病状变薄、后期破裂;

B.这类病害还有一个特点是发病和传播速度非常快;

C.此类病害同属于细菌性病害。

防治方案：

A.细菌侵染一般伴随着大风、大雨或修剪、整枝等农事操作之后；

B.提前用有益菌（枯草芽孢杆菌）浇灌，增加有益菌菌群，提前占位；

C.病后及时喷洒氨基酸类液体或有益菌培养物，增强抗病能力；

D.发病重时，需要用春雷霉素喷施或灌根，及时控制菌群数量。

以上为常见作物病害简单的症状辨别依据，并给出了针对不同病害的应急处理措施。然而事有本末，从事生态（有机）农业，其根本在于防，而不在于治，所以各位在掌握各类病害的鉴别与应对方案的同时，更要注意土壤改良和农田生态多样性的修复，恢复农田生态系统平衡，这才是根本之道。

小结与讨论

作者把各类农作物常见病害根据引起病害的微生物种类分为三类，即高等真菌、低等真菌和细菌。根据病害的特征分为六类，分别介绍其成因和对治方案。我们可以看出各类病害防治也有共同点：第一，环境改善；第二，使用生物农药；第三，增加益生菌和营养改善。

“土”专家的土办法以及常见病虫害防治

沃土可持续农业发展中心

导读:我国天然农药资源丰富,应用历史悠久。四千年的传统农业文明中,我们的祖先在生产过程中对天然农药的发掘和利用积累了宝贵的经验。20世纪50年代,中国科学院并农业部等十多个单位联合成立“土农药科学研究办公室”,并组成《中国土农药志》编委会,根据群众经验,并经过研究鉴定,收集土农药522种编成《中国土农药志》。随着绿色革命的兴起,近几十年土农药的制作和使用逐渐消失。然而,进入新世纪,随着当代生态(有机)农业的兴起,新农人们开始不使用化学农药,重拾传统农业智慧与经验,对土农药开始重新挖掘与创新,发掘了一些新的土方法。

一、病害克星——有益微生物培养液

1.为什么要培养微生物?

(1)土壤结构被破坏,土壤微生物失衡,生物多样性降低;

(2)培养有益微生物可以丰富土壤微生物结构,与有害微生物之间形成制衡,减少病害发生;

(3)有益微生物加快有机物循环,促进作物生长健壮,改善品质;

(4)自己培养微生物,节省农资投入,增加收益。

2.泰国米之神中心——土著微生物培养办法

(1)采集腐殖土:从原始森林采集腐殖土(腐殖土选择森林中未受人为影

响的腐殖土，比如植被丰富、有落叶覆盖的大树旁）作为有益微生物的菌种来源，开始培养扩繁。

（2）土著微生物制作。

第一步，准备材料，腐殖土：干树叶（各种）：米糠=1：5：1（重量比）；5%的红糖水适量。

第二步，将材料混匀，加红糖水，揉搓，让水浸入材料。至材料含水量达40%~50%。（手握紧略有水渗出，不会滴下，松开成团）。

第三步，将材料放入通气、遮光、保湿的材料中保存（或用帆布覆盖），注意材料装入高度不超过20厘米。放置在阴凉通风处（注意避雨）一周，直到其干燥，最终得到团状的混合物。

发酵好的材料可以直接进行液体发酵再次扩繁。（泰国米之神中心的老师说他们把制作好的固体培养物分成三份，一份用于液体培养马上使用，一份埋在农场附近的小树林，一份挂在阴凉通风处风干保存备用。）

（3）土著微生物液体扩繁办法。

第一，准备带盖容器，配制质量分数为5%的红糖水。

第二，加一把固体培养物（揉碎）。

第三，搅拌均匀。

第四，静置培养两天，每天搅拌一次。

发酵好的液体培养物，有一层微生物膜。这样就可以用上清液喷洒了。

液体培养物用途：促进有机物分解，形成腐殖质；增加田间微生物多样性；增加田间作物抗病性。还可以用于促进秸秆还田分解和堆肥发酵。

培养好的液体微生物培养液可以尽快喷洒（用不完也可以留存下次激活再用，尽量现配现用），喷洒时间傍晚较好。

喷洒方法参考：泰国米之神中心水稻田会在水稻秸秆打碎还田后，每亩约喷洒4斤培养液（根据喷洒均匀的需水量稀释）。

3. 日本爱媛菌（“爱媛AI”）发酵液

“爱媛AI”是日本爱媛县工业技术中心发明的一种多功能发酵液，其独创性在于将不同性质的微生物——乳酸菌(厌氧型)、纳豆菌(好氧型)、酵母菌(兼性厌氧型)混合并使其发酵。推荐大家利用本地的材料发酵制作。

作用机理:增加田间微生物多样性,制衡有害微生物繁殖。三类微生物分解发酵形成的液体中含有杀菌物质和作物免疫物质,提高作物免疫力。因此可以用作田间预防病害发生的自然农药。

(1)爱媛菌的制作(示例)。

材料:酵母粉2~5 g、纳豆1粒、酸奶25 g、红糖25 g、水(30~40 ℃)450 mL、瓶子(600 mL)。

步骤:

①把酵母粉、纳豆、酸奶、红糖、水放入瓶中;

②盖上瓶盖,摇晃30次以上;

③拧开盖子,在盖子上戳一个小洞;

④再盖上瓶盖;

⑤把瓶子放入37 ℃的环境中(或者用保温带裹起来);

⑥发酵24小时后,制作完成;

⑦使用前将成品稀释300~500倍后喷洒至作物表面,7~10天喷洒一次,预防病害发生。

(注:纳豆为纳豆菌的来源,酸奶为乳酸菌的来源。也可以使用本地材料作为这三类微生物的来源。发酵过程中会产生气泡;成品pH值约为4。)

(2)爱媛菌的更多妙用。

除了用于可持续农业,爱媛菌还具有除臭、分解有机物和净化水质的效果。因此,在日常生活中有很多妙用,如厨房除污、厕所除臭、河流与湖沼的水质净化等。

4.农场案例——小柳树农场的"植物防护液"

北京小柳树农场主要种植有机蔬菜,负责人柳刚在农场实践了各种微生物的利用技术,他还根据农场的实际情况做了调整,制作"植物防护液",每周喷洒一次,农场基本没有遇到过大的病害问题。

其制作植物防护液的材料包括：淘米水、糖、海盐以及木醋液和蛋壳。

(1)以淘米水为主制作微生物发酵液。

首先在容器内加满淘米水，加少量红糖和海盐。材料添加完成后，盖好盖子，根据温度情况发酵5~7天(根据情况中间可以放气1~2次)，小柳树农场一般将容器放在温室内避直射光处发酵。

(注：淘米水本身含有丰富的乳酸菌，加一点儿红糖的目的是促进乳酸菌的繁殖，加海盐的目的是补充蔬菜钙镁等矿质元素。)

发酵好的液体有一股酸酸的、香香的味道。

(2)加入木醋液继续发酵

原料配比：10 L上述微生物发酵液，2 L木醋液，8 L水，蛋壳适量浸泡(加入蛋壳的目的是补充钙元素)。

发酵周期：带盖塑料桶内，1周以上。

(3)植物防护液的使用。

功能：抵抗病虫害，补充营养，帮助作物健康成长，也可以用于堆肥和育苗土发酵制作。

使用方式：稀释100~300倍喷洒植物叶面、茎部和土壤地表，既预防病害，又补充营养，促进作物健壮生长。

二、新农夫“梨子哥”的小妙招

“梨子哥”，大名许春传，因按照可持续农业理念种植梨树，江湖人称“梨子哥”。2001年毕业于南京农大国际贸易专业。曾经跳出农门，做出口农药的生意，家里祖祖辈辈的老农很是开心。最初为能吃上安全的食物，去兼职代管农场，到后来逐渐变成全职的农夫，母亲至今无法认同；不过，好在姐妹、媳妇以及众多的消费用户支持，每每想到这些，就又能量满满耕田去了。表3-1是“梨子哥”分享的实践小妙招。

表3-1 “梨子哥”分享的实践小妙招

目标对象	作物	小妙招
蚜虫	梨树	用最辣的辣椒熬水喷,叶子的正反面都要喷到,喷头朝上喷后水滴会自然落到下层叶片的正面; 保留野辣蓼草,驱避作用; 保留各种当地野生草,供瓢虫栖息; 苦参碱熬水喷施
梨小食心虫	梨树	套袋,在套袋前喷施一次苦参碱水煮液,干后立即套袋,套袋是对付病虫害极好的物理装备
		在产卵高峰期,以短稳杆菌全园喷,短稳杆菌只对鳞翅目虫有效果
螟虫	玉米	如果介意玉米头被虫子啃,那就来点儿短稳杆菌吧
二化螟	水稻	短稳杆菌有奇效
虫	水稻	鸭既帮水稻通风,又帮忙捉虫,还肥田,到第五年的时候,水稻亩产在800~900斤
病害	梨树	栽植时选取最好的通风朝向,合理控制密度; 苦参碱熬水喷施,苦参碱不仅对虫有效果,对于诸如黑星病等都有不错的预防效果
草	梨树	草,其实不是害,它可以松土,是各种菌和虫的栖息地,有草才有自然的平衡;比如油菜,其直根系对松土的效果好,种过油菜的地,用竹子往下插,明显能够插得更深,同时开花时也是吸引各种虫的招财花,开花后可割倒做肥料。绿肥可选择苕子、紫云英、三叶草、油菜、黑麦草,单播混播均可
肥料	梨树	能在冬天施的绝不拖到春天施,有时间在秋天施的也绝不拖到冬天施,梨树等落叶果树,深秋后虽然没有叶片,但是根系仍然在生长,有机肥本来肥效就慢,所以在摘果后立即早施如同产后及时补充营养。 菜籽饼经过有氧(用增氧泵打气)或无氧发酵,兑水灌根,作为开春花前后以及果实膨大时期的速效肥。 改善果实口感:用红糖、鸡蛋、奶粉各10斤加水160斤,用增氧泵打气发酵至酒香味出,30倍灌根,70倍叶喷
肥料	水稻	移栽后7~10天用一次速效肥,用红糖、鸡蛋、奶粉各10斤加水160斤,用增氧泵打气发酵至酒香味出,70倍叶喷

三、常见土农药制作配方

表3-2 常见土农药制作配方(节选自《中国土农药志》)

编号	名称	配制方法	防治对象	防治效果	实验地区
1	盐树叶	盐树叶加少量水,捣烂榨汁,取原液34%,加水66%,再加肥皂少许	蚜虫	80%	上海东郊
2	冬青叶	冬青叶加少量水,捣烂榨汁,取原液40%,加水60%,再加肥皂少许	棉蚜	100%	上海东郊
3	天茄	将天茄切碎捣烂,加5倍水,浸泡24小时。每亩喷洒400斤	红蜘蛛	75%	安徽阜阳
4	老乌藤	老乌藤7斤捣汁0.12斤,原液1斤,加水6倍	蚜虫	60%	上海
5	普沙叶	普沙叶1.5斤,拌白碱0.06斤,冲入沸水4斤,浸泡12小时,过滤。每斤原液加水5倍,加少许肥皂(约0.06斤)	稻蚜、螟虫、稻飞虱、浮沉子		福建
6	毛罗藤	毛罗藤1.5斤捣烂,加水两斤煮成原液1斤,每斤原液加水5斤使用	蚜虫	80%	江苏大丰
7	土黄姜(扁竹根)	土黄姜1斤,切碎捣烂,加水4~5斤煮沸过滤,1斤原液加水5~8倍喷洒	菜青虫、地下害虫、土蚕	80%	
8	拉拉秧	切碎捣烂,每斤加水5斤(温水一开一凉)泡24小时,每亩用300~400斤	红蜘蛛	100%	安徽阜阳
9	蒲公英	(1)晒干制粉加水浸泡12~24小时 (2)将鲜蒲公英洗净切碎用纱布绞汁0.63斤,原液一斤加水3斤	蚜虫	(1)74% (2)94%	
10	菜籽饼	烘干捣碎,在中午田水晒热时,每亩撒40斤,可防治稻飞虱、浮沉子、螟蛾和蚂蟥; 菜籽饼30~40斤捣成粉状,加水沤烂(一星期),加草木灰100斤,在播种前做基肥,可防治蛴螬	稻飞虱、浮沉子、螟蛾和蚂蟥、蛴螬	用后1—6天全部死亡	浙江
11	草木灰水	一份草木灰,五份清水中浸泡24小时,过滤后取滤液喷雾	蚜虫		
12	花椒水	取花椒粉2斤,加水6斤,熬20~30分钟,过滤后加水10倍喷雾	蚜虫、叶蝉、白粉虱、黏虫、介壳虫		
13	青蒿水	青蒿100斤,加水500斤,煮成300斤,喷治棉蚜、菜青虫或浇灌防治地老虎	棉蚜、菜青虫、地老虎		宁夏

续表

编号	名称	配制方法	防治对象	防治效果	实验地区
14	艾叶	取艾叶1斤,加水10斤,煮沸半小时或浸泡1天,过滤喷洒,可防治蚜虫、菜青虫、软体害虫。艾叶晒干后燃烧熏烟,可驱逐蚊蝇	蚜虫、菜青虫、软体害虫		安徽
15	辣蓼	辣蓼1斤捣烂后加水5斤,过滤,每亩用药液300斤,对蚜虫、地老虎、菜青虫、小麦锈病有效。辣蓼捣碎后撒施到田里,每亩用60~80斤,能治螟虫	蚜虫、地老虎、菜青虫、小麦锈病、螟虫		内蒙古

四、有机农业中允许使用的生物农药名录

表3-3 有机农业中允许使用的生物农药目录

类别	名称和组分	作用及使用条件
植物与动物来源	楝素(苦楝、印楝等提取物)	杀虫剂
	天然除虫菊素(除虫菊科植物提取液)	杀虫剂
	苦参碱及氧化苦参碱(苦参等提取物)	杀虫剂
	鱼藤酮类(鱼藤提取物)	杀虫剂
	蛇床子素(蛇床子提取物)	杀虫、杀菌剂
	小檗碱(黄连、黄柏等提取物)	杀菌剂
	大黄素甲醚(大黄、虎杖等提取物)	杀菌剂
	植物油(如薄荷油、松树油、香菜油)	杀虫剂、杀螨剂、杀真菌剂、发芽抑制剂
	寡聚糖(甲壳素)	杀菌剂、植物生长调节剂
	天然诱剂与杀线虫剂(如万寿菊、孔雀草、芥子油)	杀线虫剂
	天然酸(如食素、木醋和竹醋)	杀菌剂
	菇类蛋白多糖(蘑菇提取物)	杀菌剂
	水解蛋白质	引诱剂,只在批准使用的条件下,并与适当产品结合使用
	牛奶	杀菌剂
	蜂蜡 蜂胶	用于嫁接与修剪,杀菌剂
	明胶	杀虫剂
	卵磷脂	杀真菌剂
	具有驱避作用的植物提取液(大蒜、薄荷、辣椒、花椒、薰衣草、柴胡、艾草的提取物)	驱避剂
	昆虫天敌(如赤眼蜂、瓢虫、草蛉等)	控制害虫

续表

类别	名称和组分	作用及使用条件
矿物来源	铜盐(如硫酸铜、氢氧化铜、氯氧化铜、辛酸铜等)	杀真菌剂,防止过量使用而引起铜的污染
	石硫合剂	杀真菌剂、杀虫剂、杀螨剂
	波尔多液	杀真菌剂,每年每公顷铜的最大使用量不能超过6 kg
	氢氧化钠(石灰水)	杀真菌剂、杀虫剂
	硫黄	杀真菌剂、杀螨剂、驱避剂
	高锰酸钾	杀真菌剂、杀细胞剂:仅用于果树与葡萄
	碳酸氢钾	杀真菌剂
	石蜡油	杀虫剂、杀螨剂
	轻矿物油	杀虫剂、杀真菌剂:仅用于果树、葡萄和热带作物(例如香蕉)
	氯化钙	用于治疗缺钙症
	硅藻土	杀虫剂
	黏土(如斑脱土、珍珠岩、蛭石、沸石等)	杀虫剂
	硅酸盐(硅酸钠、石英)	驱避剂
	硫酸铁(3价铁离子)	杀软体动物剂
微生物来源	真菌及真菌提取物(如白僵菌、轮枝菌、木霉菌等)	杀虫、杀菌剂,除草剂
	细菌及细菌提取物(如苏云金芽孢杆菌、枯草芽孢杆菌、蜡质芽孢杆菌、地衣芽孢杆菌、荧光假芽孢杆菌等)	杀虫、杀菌剂,除草剂
	病毒及病毒提取物(如核型多角体病毒、颗粒体病毒等)	杀虫剂
其他	氢氧化钙	杀真菌剂
	二氧化碳	杀虫剂,用于贮存设施
	乙醇	杀菌剂
	海盐、盐水	杀菌剂,仅用于种子处理,尤其是稻谷种子
	明矾	杀菌剂
	软皂(钾肥皂)	杀虫剂
	乙烯	香蕉、猕猴桃、柿子催熟,菠萝调花,抑制马铃薯与洋葱萌发
	石英砂	杀真菌剂、杀螨剂、驱避剂
	昆虫性外激素	仅用于诱捕器与散发皿内
	磷酸氢二铵	引诱剂,只限用于诱捕器内使用

续表

类别	名称和组分	作用及使用条件
诱捕器、屏障	物理措施(如色彩诱器、机械诱捕器)	
	覆盖物(网)	

五、通过种植有益植物驱避病虫害的发生

我们古代农业中就有利用种植特别的植物,产生驱避作用,减少病虫害的发生的经验。比如,在农田周边种植芝麻,减少外来害虫入侵或家畜侵扰。下面列举关于这方面的资料。

表3-4　有益作物之忌避功效

有益作物	功效
大茴香	防治蚜虫,招蜜蜂
芫荽	防治多种虫类,招蜜蜂
虾夷葱	防治蚜虫,防苹果黑星病
大蒜	防治蚜虫、潜树皮害虫与各式病害
薄荷	驱治纹白蝶、蝇类、老鼠等
迷迭香	驱治纹白蝶、蝇类、夜盗蛾
百里香	招蜜蜂,防治纹白蝶等
鼠尾草	驱治纹白蝶、蝇类,不能与胡瓜间作或混作
紫菀	防治疫病,对甘蓝、洋葱生长有帮助
金盏花	防蚜虫、芦笋的叶虫
波斯菊	可种于园圃边缘来防虫
除虫菊	防治多种虫害
苦艾、山艾	防治纹白蝶、蚜虫
百日草	防治西红柿蚜虫、瓜叶虫、小金龟虫
万寿菊	驱除根腐线虫,防治粉虱、天蛾幼虫
大丽花	抑制线虫
荞麦	驱除叩头虫的幼虫
矮牵牛	防治稻秆蝇、蚜虫、蚂蚁、豆类害虫

续表

有益作物	功效
白花天竺葵	防治叶蝉、小金龟虫
猪屎豆	抑制甘薯根瘤线虫、南方根腐线虫
金莲花	可引诱蚜虫、温室粉虱、缘椿象
天竺草	抑制各种线虫

注：此表系取自叶布先先生、龙冈丰先生（1976）之资料。

表3-5是关于共荣作物与有益作物之组合的实例。

表3-5　共荣作物与有益作物之组合实例

主作作物	共荣作物	有益作物
甘蓝、芥蓝、花椰菜	大豆、菜豆、芹菜、莴苣、菠菜、胡瓜、西红柿、马铃薯、洋葱	大蒜、薄荷、山艾、甘菊、迷迭香、金莲花、百里香、天竺葵、柑橘
芹菜	豆类、甘蓝、西红柿	大蒜、虾夷葱
菠菜	甘蓝、草莓、莴苣、豌豆、胡萝卜	
莴苣	甘蓝、大蒜、菠菜、胡瓜、洋葱、胡萝卜	虾夷葱
洋葱	甘蓝、大蒜、莴苣、草莓、胡萝卜、西红柿、辣椒	薄荷、甘菊
韭菜	辣椒	
豆类（矮性）	甘蓝、芹菜、萝卜、胡萝卜、胡瓜、茄子、玉米	万寿菊、迷迭香、金莲花、百日草、天竺葵、矮牵牛
豆类（蔓性）	胡萝卜、玉米、豌豆	薄荷、牵牛花、万寿菊、迷迭香、金莲花、百日草
豌豆	玉米、胡瓜、胡萝卜、芜菁、萝卜	薄荷、虾夷葱
红豆	大豆	
南瓜	玉米、甜瓜	薄荷、万寿菊、金莲花
胡瓜	玉米、菜豆、西红柿、胡萝卜	薄荷、万寿菊、金莲花
芜菁	豌豆	
球茎甘蓝	洋葱	
萝卜	葱类	虾夷葱
胡萝卜	豆类、莴苣、洋葱、西红柿、豌豆、辣椒、亚麻	虾夷葱
甘薯	芝麻	

续表

主作作物	共荣作物	有益作物
玉米	菜豆、胡瓜、甜瓜、马铃薯、南瓜、豌豆	万寿菊、牵牛花、天竺葵
马铃薯	豆类、甘蓝、豌豆	万寿菊、金莲花
大蒜	甘蓝、葱类、西红柿、葡萄、桃子、苹果、玫瑰	
西红柿	芦笋、胡萝卜、芹菜、胡瓜、葱类、大蒜	万寿菊、薄荷、虾夷葱、金盏花、百日草
辣椒	胡萝卜、茄子、葱类、西红柿	
青椒	葱类	
茄子	豆类、辣椒、甜椒	万寿菊
葡萄	大蒜	金莲花、牛膝草、桑树、虾夷葱、天竺葵
桃子	大蒜	虾夷葱、金莲花
苹果	大蒜	芹菜、虾夷葱、金莲花
草莓	豆类、莴苣、葱类、菠菜	百里香、除虫菊
玫瑰	大蒜	虾夷葱、芸香、柑橘、天竺葵、万寿菊
小麦	玉米、山楂	
水稻	甘薯、瓜类、毛豆、甘蔗、茭白、葡萄、豌豆、大豆、西红柿、马铃薯、叶菜类	

注:此表系根据叶布先先生、龙冈丰先生(1976)与王锦堂先生(1993)之资料综合而成。

小结与讨论

综上所述,人类对各类病虫害的防治积累了丰富的经验和办法,各地气候不同,作物栽培各异,防治方法也不尽相同。简单来说,在做好土壤改良和作物栽培管理的基础上,针对病害的主要应对策略是培养有益微生物喷洒,或抢占生态位,或与病原微生物产生对抗和竞争,预防或减少病害发生。针对虫害,则可以根据各地常见的植物材料制作各类土农药。

在田间种植特别的有益植物,或者安排共荣的作物间作或者轮作,也能减少病虫害的发生。

开发符合自然规律的非农药防治法

彭月丽

化学农药的使用带来了环境问题、人畜健康问题，还使得病虫害产生耐药性，农药有它的极限性，不可能长久地解决病虫害问题。开发符合自然规律的非农药防治法势在必行，关乎农业可持续发展和地球生态环境的修复。

本章介绍了关于非农药防治的思路和要点，及有害生物综合治理和生态控制的理论；介绍了古代农业的害虫防治办法以及现代正在使用的一些土办法。在实践案例方面，介绍了有机（生态）稻田、果园和蔬菜栽培中进行病虫害防治的经验和思路。

总体来看，大家都认同培育健康的土壤和作物是预防病虫害发生的基础；恢复农田生物多样性，促进生态平衡是长远之计；其他是在生态平衡修复的过程中，人类可以做的补充性的修正措施，包括通过改善田间风光条件的农业防治、通过引进天敌的生物防治、使用生物农药的化学防治，等等。

从实施病虫害管理的具体操作上，包括：第一，通过制作堆肥、绿肥等提升土壤有机质，改良土壤环境；第二，通过改善风光和水肥条件培育健康的作物；第三，田间种植有花植物或者留草等给自然界天敌生物创造栖息环境；第四，观察田间生物种类与比例，了解田间生态平衡状态，认识田间病虫害的发生规律和不同生物间的关系，适时引进天敌，或者削弱病菌、害虫（卵）的生存环境；第五，寻找本地能够抑制病虫害的材料或者植物等，制作生物农药，适时使用，抑制病虫害的发生发展,或者适时喷洒有益微生物,促进有益生物的繁殖;第六,储备相关市售生物农药,以备不时之需。

仍然用池田秀夫的这张表结束,希望能给大家一些启发。

- 非农药防治
  - 1. 预防
    - 1. 健全的土壤
      - 1. 物理性改善:改善排水性、保水性和通气性,使土壤团粒化
      - 2. 生物性改善:使生物相多样化,增加天敌和拮抗生物
      - 3. 化学性改善:改善pH值,提供均衡营养,适当供给
      - 4. 作土深耕:深耕作土至30~40 cm促进根系生长
    - 2. 自然淘汰:利用病害虫的弱点来抑制其发生和增殖
    - 3. 生物资材的预防性散布:在病害虫发生之前进行散布,来抑制其发生
    - 4. 土壤消毒
      - 1. 太阳热消毒法
      - 2. 土壤还原法
  - 2. 驱除:早发现,早处置
    - 1. 集中喷洒生物农药等来进行驱除
    - 2. 拔除受害作物

本章好书推荐

1.《中国土农药志》

作者:中国土农药志编辑委员会

出版社:科学出版社

该书以1958年全国土农药运动中群众总结的经验,结合各协作单位的研究实验成果,并参考以往文献资料编著而成。

该书收集土农药522种,其中包括植物源农药、矿物源农药及其他土农药和混合制剂。书中附有土农药药效测定法、有效成分的一般提取物鉴定法、植物标本采集制作法和土农药的采集贮存保管法等。各种土农药的名称、学名、别名、特征、分布、成分、性能、配制方法及防治对象等,均有扼要记述。因此该书是1958年全国土农药运动较为全面的总结。可供土农药生产者、植物保护工作者及有关科学研究单位和各级学校参考。

2.《农业生物多样性与作物病虫害控制》

作者:朱有勇

出版社:科学出版社

大千世界处处相互依存、相互制约,万事万物相克相生、和谐发展。追溯世界农业发展历史,依赖化学农药控制植物病害的历史不足百年,在几千年的传统农业生产中,生物多样性与生态平衡无疑是持续控制病害的重要因素之一。该书系统介绍了利用生物多样性控制病虫害的效应、原理、方法及发展趋势。介绍世界各国解决单一品种大面积种植易造成病虫害流行的研究进展,提出我国几千年的传统栽培技术,尤其是作物间作套种等方法在控制作物病害中的作用。

农法江湖

什么是学习可持续农业的正确姿势?

郝冠辉

相对于常规农业来讲,可持续农业的圈子虽然非常小,总体从业人员也非常少,却门派林立。除了我们常说的主流的有机农业,还有以非认证有机自称的生态农业,光是源自国外的农业流派就有源自日本的自然农法、韩国的自然农业、澳洲活力农耕、德国的生物动力农业等。自然农法又可以分为福冈氏的自然农法和冈田茂吉的MOA自然农法,国内还有来自台湾的空海法师推动的自然农法。生物动力农业内部又分为澳洲流派和欧洲流派,也都是各说自好。另外还有最近几年所流行的酵素农业,也有不少的拥护者。

这门派林立的农法江湖,常常让刚刚进入圈子的新农人们无从下手,不知道从什么地方开始学习。我曾经拜访过一个农场,建场四年,一年换一种农法:第一年学蒋高明的弘毅生态农场模式,养牛,做种养循环农业。第二年参加了小毛驴市民农园举办的韩国自然农业培训班,遂觉得自然农业更好,把牛卖了,开始搞各种自然农业的营养液和土著微生物。自然农业的试验还没有看到什么成果,第三年听说自然农法是更加贴近自然的农法,又开始投靠某自然农法流派。我到该农场探访的时候正是第四年,农场主正开始对生物动力农业感兴趣,准备开始实践生物动力农业,不断问我对生物动力农业的看法。然而第二天,我去参观农场,看到经过三年不同农法的“洗礼”,该农场的技术积累几乎为零,仍然在用鸡粪加生物农药这样简单粗暴的方法种菜。

虽然这个案例是一种比较极端的情况,但是不能不说这其实是圈子里面的普遍现实。不少返乡青年和新农人,在田间管理上用心不多,却热衷于参加各种培训和交流会,每次都激动万分,觉得收获满满,回到自己农场却什么都用不好。几年过去,仍然没有什么自己实际积累的经验,不能不说是一种悲哀。

其实,跳出来看,学习农法和学习武术有类似之处。假设一个人欲求无上剑道,时江湖华山派、衡山派、嵩山派等九大门派林立。那么一个人去九大门派分别各学习一年,九年时间是否就练成了集九家之长的无上剑法呢?我想每一个读者都知道这是错误的学法。真正学习剑道,应先投一门,练三年内功,学三年剑招,对本门武艺了然于心,方可下山与各门高手过招切磋,体会不同门派的妙处,然后于其中参悟,再经三年,可以说对剑道有初步的领悟。

其实,学习农法也应该如此,初学者应先根据自己的因缘和兴趣,选取一个流派,苦练三年内功。农业的内功包括田间管理的知识以及农业的基础学科理论,包括土壤学、植物生理学、生态学、植物保护等。有了这些基础才能够明白这些流派给出的方法,背后的基础原理是什么,在这个基础上进行技术实践,才能够真正形成技术积累。慢慢对自己所学习的流派的理论和方法做到融会贯通,然后再参学其他流派,自然很容易知道各个流派不同的优势和短处,不同的适用区域和环境,才能够取百家之长,灵活运用。

本人认为,这才是进入可持续农业领域的正确姿势。农业是一个非常慢的行业,一个农人通常一年只能积累一次经验。所以只能踏踏实实一步一步慢慢来。很多人总想跳过苦练内功这个痛苦而漫长的过程,到处寻找所谓的“武林秘籍”,希望找到类似“如来神掌”这样的绝世武功,一招平天下。到最后只能叹息“童话里都是骗人的”。

在本章,不同农法的实践者分享他们各自的实践经验,以及各自对各自农法的理解。希望可以作为初入门的可持续农业实践者的借鉴。

希望大家都能够走在正确的道路上!

澳洲活力农耕简介

澳洲活力农耕亚太协会中国部

2015年,我们和老师们共同探访一处得了黄龙病的柑橘园,刚喷过除草剂不久的园地,一片枯败死寂的气氛令人压抑。台湾的水云老师说:除草剂给生态制造的是一种趋向死亡的力量,并不是只有草会受影响,只是草比较小,死亡比较快,树只是会死得比较慢。之后我们分析常规的橘树种植、施肥管理方式,发现橘树之癌更接近于一场“人祸”。在另一处彻底荒弃的橘园,Darren老师仔细检查树根、树皮,观察树冠、树叶,他说“这棵树,她一直还在努力”。正因为数年的“无人”,这片地的生机在慢慢回来。可惜园子的主人对树还有希望的说法已不感兴趣,因为他们再做什么都已经不划算了。我们无权苛求需要生存的农人的选择,然而极端的化学农业模式显然与自然存在矛盾,不可持续,它不是在趋向生机,而是指向衰亡。

一、应运而生的农法

1.活力农耕——应对化学农业的挑战

当化学农业还并非“常规”,人们对化学品的质疑就早已存在。

活力农耕农法诞生于科学与哲学家鲁道夫·史坦纳先生1924年的农业课程系列讲座。当时化学农业兴起不久,已有一批农夫开始觉察到化学品导致的土壤与作物病虫害增多和食物品质下降问题,开始寻找解决之道。这一系列演讲,即为史坦纳针对化学农业风潮带来的土壤–作物生命力流失问题的直接回应。

“历史上,全新的推动力曾一次又一次地涌起。我们从不能‘退回’过去。当植物的自然生长条件正被强硬性的(常规化学)农法瓦解,环境条件退化,一股新的农业推动力成为必需。”(澳洲活力农耕研究院官网)

2.从理论到落地

史坦纳先生的几位同事为其理论的科学验证和实际落地贡献重大,其中莉丽·科里斯克女士在1925至约1930年间成功地证实了物质在极为精微的状态下仍对动植物具有积极或消极的影响,那时微量元素或维生素的价值尚未为人所知;作为史坦纳指定的配方研制者,恩福雷特·菲佛先生通过大量实验研究,将活力农耕配方进一步精纯化,确定了各个配方的用量、比例和品质标准,菲佛后来成为美国知名微生物学家和当时新兴的营养科学的前沿先锋。

(1)从“500”到“复合500”

活力农耕配方的理解、制作和使用的准确与否对农法有关键影响。

菲佛先生发现活力农耕基础配方每一克中含有超过5亿(英文为“500 million”,故将其命名为配方“500”)活性微生物,经激活过程后,这一原始值将继续呈几何级数增长。

深受人智学熏习的阿历克斯·珀多林斯基在到达澳洲大陆后,与一批真正工作在自然与大地中的农夫们一起,通过近70年的踏实努力,将活力农耕农法从理论发展为一整套完善的农法系统,并在各个气候带和土壤条件中以事实证明了农法之于土地的强大力量。曾与菲佛密切交流的阿历克斯严格贯彻菲佛所确立的配方制作原则,甚至在个别配方的品质上被菲佛认为已超过菲佛本人。在实际运用中,为了进一步提高配方的运用效率,阿历克斯创造出基于单一配方“500”和6种堆肥配方的“复合500”,其应用效果更胜于单一“500”,如今广泛应用于澳洲、欧洲、亚洲等众多国家和地区。

(2)保护性耕作系列农机

为进一步适应澳洲地广人稀的农作现实,一系列关键性农机在集体智慧中逐一诞生,其中配方搅拌机成功令活力农耕从手工搅拌中解放出来,从而可以高效运用在极大规模的农场形态中;而基于对土壤结构的深刻理解而研发演化而生的“复兴者号”特型深松犁，更在土壤保护和生产效率中成功探寻出一条中庸之道，使严重板结的土壤得以迅速转化，而各类土壤得以在持续生产中保持土壤结构和自然肥力。这在全球土壤全面退化，而作为土壤板结主要原因之一的农机普遍重型化和粉碎化问题尚未引起广泛重视的今天，具有特殊意义。

(3)从农夫到农夫，从土壤到人类

区别于活力农耕早期局限于人智学圈子的状态，澳洲活力农耕秉承史坦纳最初“期望活力农耕农法广泛运用于地球”的愿望，强调“农夫传递农夫”的实践至上之道路，逐渐发展出农夫之间的互助网络，以及“农夫协会－研究院－销售公司／农夫基金”的三元支持结构，以及基于并高于国家有机标准的农场－产品标准认证体系。在甚至连有机都缺乏市场的年代，完全凭借食物品质逐渐开辟出活力农耕的食品市场。在一次对11项“常规化学种植－有机种植－澳洲德米特活力农耕种植”的食品消费者对比盲测中，澳洲德米特认证食品在8项盲测中胜出。

(4)整体疗愈的真实启动

好的农法带来的不仅仅是农业的收获，真实落地的活力农耕农法创造的是一个连锁反应链条：健康的土壤—阳光的植物—优质的食品—有活力的人类—复苏的地球。

“在澳大利亚，有一个1000公顷的活力农耕农场，地势平坦就像桌面，农场一侧奔流着一条差不多6米深的山谷小河，另一侧则是公路。在公路上方的山坡上是一个常规农场，农场主已有84岁。去年秋天，经历了与往年一样6到8个月的干旱期后，这位老农夫对我们说，‘约翰，我不知道你们在下面做什么，但这是80年来，我第一次看见那条小河——经过夏天和秋天——一直还在流’。我们的农场已经培养出充足的腐殖质，从而能够在土壤中存储水分，一个地下水脉系统从而开始发展，而整个区域得以进入一个疗愈的进程中。”(1999年意大利德米特国际大会演讲《面向未来的农业》)

二、澳洲活力农耕之关键区别

1.认识的分水岭——植物汲养,自然还是强制?

化学农业始于化学家尤斯图斯·冯·李比希对“植物只能吸收水溶性矿物质”的发现,然而,这并非植物汲养机制的完整图景。澳洲活力农耕通过长期观察确认:在自然状态下,植物根系呈现汲水根和汲养根两套体系,正如史坦纳所提示:

“植物通过腐殖质,而非土壤水汲取养分。”

在自然中,植物“想喝水时喝水,要吃饭时吃饭”,汲养节律完全受太阳的温热调节。矿物质经过腐殖质的中和净化,呈水溶状包含于腐殖质中,由伸入腐殖质的绒毛汲养根进入植物。在太阳调节的情况下,植物不会出现过分汲养的失衡状态,而土壤水保持纯净。由于植物细胞水盐平衡,光合作用正常进行,植物呈现其本来具有的形态和风味。

而在通过水溶性肥料输送养分的农业模式中,植物的水分和养分吸收混合(大多数绒毛根往往被烧死),当植物由于蒸腾作用而汲取水分时,也被迫吸收过量的土壤水盐分,而为了平衡体内过量的盐分,植物同时也被迫吸收过量的水分。水分蒸腾,盐分累积,则需要更多水分。这样的恶性循环导致植物细胞水肿,体内含有过量而无法完全中和转化的盐分(如硝酸盐)。这导致了植物光合作用受阻,免疫力下降,病虫害增加,食物体积变大,营养价值和风味品质却大大降低等系列问题。而浑浊的土壤水,既污染土壤,破坏土壤生态环境,加速土壤板结退化,也由于大多数肥料随水流失下沉,而继续污染地下水的广大系统。

2.管理的核心点——土壤生命结构的建立

土壤结构的重要性——腐殖质是植物的自然食物。土壤结构的损失将导致腐殖质的流失。

现代科学没有对腐殖质的检测手段——它是一种活着的物质。对于有机质或碳元素的检测与腐殖质是不同的。

当今地球上大部分农用土壤已经因其所采用的管理方法而损失掉了土壤结构。这带来的后果之一，就是这些土壤无法再含藏一株植物所需的自然食物。这样，植物的养料需求依赖肥料施用而满足。

腐殖质和土壤结构是在自然的组织中进行有机施肥的基础。它们是澳洲德米特活力农耕农法的根本原则。

3.全新的创造力——未见的微生物，新生的腐殖质

据估算，全球土壤的形成速度是每厘米178年。而在澳洲活力农耕不同气候和土壤条件的广泛实践中，退化土壤的转化修复往往在较短时间就将看到真实的成果。对此的更多实证研究和行业对话尚待发生。

菲佛在当年的配方“500”研究中，发现其中包含一些在自然界中尚未被发现的微生物种类。

有机农业承受着一种潜在的不安，它依靠过去而活，依靠山上流失下来的土壤。活力农耕则推动着新的土壤产生。

农业和人类在未来不可能永远利用来自山脉流失下来所沉积的资源，这是不可持续的。活力农耕是可持续的，因为新的土壤被创造出来——只需有时尽可能少量地用一点儿旧物质。进一步看，老的大地正在死去，所以能得到的旧的“腐殖质”最终将会越来越少。

4.效率的突破点——与“常规”竞争的挑战

然而所有的星空仰望，基于脚踏大地。一种能够应对当今世界真实需求的生态可持续农法，必须在效率上和市场上真正体现它的竞争能力。

时间：完整和正确实施澳洲活力农耕系统操作的土地，大约从6个月开始可以观察到植物表达的变化，1年左右可以开始观察到土壤结构的发展。但这仍很大程度上取决于实践者本人对农法的理解、掌握和执行的程度，以及操作是否真正顺应了大自然在当时当地的运作规律。

人力：在地广人稀背景下发展而成的澳洲活力农耕在广阔平坦的农场形态中，往往可实现几人管理数千英亩牧场的模式。曾部分为沼泽地的意大利阿格瑞拉提纳蔬菜农场，“90到100位工作者为13万消费者提供着健康的食物”。

成本："省下的肥"——澳洲活力农耕对土壤结构与腐殖质的建立，终结了采用水溶性肥料实际大部分流失地下的状态，甚至将外部肥料输入更多视为"药"来做土壤调节，更多通过深松＋配方＋绿肥的方式恢复和积累土壤自身的肥力，从而实现不依赖外肥而持续出产并令土壤肥力持续提升的真正可持续状态。

"抗过的灾"——由于对土壤和植物生命力的强大塑造，澳洲活力农耕对绝大多数病虫害实现了"治未病"的自然免疫能力。并由于土壤生态的深层修复，从而体现出强大的抗旱与抗涝能力。澳洲"蔬菜涡旋"活力农耕认证农场创立人与实践者达伦·艾特肯说："我从未因为病虫害损失过任何一茬蔬菜。"2016年，在澳大利亚墨尔本附近经历持续19个月干旱和夏季的高温大风，邻近地区已开始扬尘沙化的"蔬菜涡旋"农场，仍顽强保持着品质的出产和局部产能的稳定。这是农夫的坚守，更是已建立起来的土壤生命系统的强韧。

但在活力农耕中，更为追求的是食物的健康品质，高品质的食物往往摄入更少量就能满足人体需要。

产量：通过转换期，能够全面实现澳洲活力农耕农法的农场，产量优势体现，部分品种与常规种植的品种持平。在澳洲干旱的白沙土地区放牧和种植的农夫巴里·爱德华兹在2000年的农夫大会上分享："如果我能够足够干净和相对准时地收获作物的话，那么我的产量是和常规农业一样高的。"

但在活力农耕中，更为追求的是食物的健康品质，高品质的食物往往摄入更少量就能满足人体需要。

市场：在澳洲，澳洲德米特活力农耕认证食品被公认为高于有机品质的健康食物。从零开辟市场的活力农耕销售公司在供需情况完全足够涨价的条件下尽最大限度保持平价，同时仍然蓬勃发展，以有力支持农夫孵化基金的运作。"高品质的诚实食品不愁卖"，这样的情形在欧洲、亚洲的马来西亚等的澳洲活力农耕农场逐一实现着，也正在中国悄然发生。

5.农夫的修行路——土壤、植物、农夫的整体融合与个体觉醒

活力农耕作为人智学哲学的农业应用科学，归根结底是关于人的发展，人

与土地自然的关系。正如艺术家与艺术评论家的关系，澳洲活力农耕视一线农夫之于农业学家更具备与自然协作的敏锐洞察力和立体智慧，是透过自然创造的音乐家与艺术家。而所有的经验技能与最终产品，皆应源自农夫心底最深处对大地与人类的真诚热情。透过活力农耕的实作修习，农夫的精神成长与土壤的蜕变发展相辅相成，由此而生的食物，则为吃到这些食物的人们在身心构建出深刻的生机与提升的力量。

与活力农耕相应的农夫，始于其自身生发的探寻热情，成于在农夫个体性与独立性成长的无尽道路上。

6.澳洲活力农耕——主要原则与实践思路

"在活力农耕中我们是健康的构建者，而不是疾病的疗愈者。"（澳洲活力农耕研究院官网）澳洲活力农耕所遵循的是"上医治未病"的思路，持续做好土壤生态系统和作物的保健工作，而不是陷入对各种病虫害的应对中。

澳洲活力农耕以"土壤为本"为管理原则，通过实践农夫以"一日三巡田"的持续密切观察而贯彻到农场管理的方方面面和每一次选择中。其中两项重点在于通过恰当的工具、时机与方式而实现土壤的保护性耕作，以及对真正合乎品质的活力农耕配方的准确储存和系统施用。

杂草被认为是自然的平衡机制下土壤真正需要的特定养分供应者；而病虫害被视为系统失衡的信使。

正确的深松、绿肥与配方的相互促动，特有的"层状堆肥"和结合草地管理等系统方法，能实现土壤活力的深层恢复和提升。

但所有程式和工具的落地，基于农夫逐渐发展出的觉察力和独立判断力，没有任何一位农夫可以对所有气候和作物品种透彻掌握，所有的决定需要农夫本人因时因地而做出。

三、中国发展概况

活力农耕在中国的发展也同样应和其早期在欧洲的情形，一方面不同流派活跃于人智学圈,一方面尚未与主流农业和广大的生态农业圈形成真正的交流和对话。源自人智学的活力农耕更容易在认知和推行中流于偏侧精神和理论的误区,从而一定程度上延误了活力农耕的价值在实证中的体现和为消费者所接受。澳洲活力农耕注重通过客观观察和土壤作物的真实转变以验证精神理论的发展。选择宁缺毋滥,宁少勿多的原则,鼓励实践农夫不断回到最基础的知识和技能实践上。

自从2016年12月成立亚太协会中国部以来,中国部在各位老师的用心引领下坚持农夫是第一位、农夫传承农夫、农夫协助农夫的宗旨,逐渐发展成为一套本土化的、系统的、整体的现代农业解决方案。

理论基础:基于对大自然的洞察,遵循自然的周期规律和复杂性,而不是基于智力和空想的理论基础;在全球已践行了近70年的生态农法,可行性强。

硬件支持:适应大规模生产、机械化操作的本土农机具设备陆续研发成功并投入生产使用,如深松犁(保护性耕作)、绿肥还田机械、配方搅拌器械、喷洒器械等。

软件支持:配方及本土化配方制作,培训学习,定期农场巡访,长期在线学习,农夫互助网络,农场标准化评估机制,国际交流合作。

2019年5月,澳洲活力农耕中国农夫协会成立,拓荒期真正扎根而深入实践的农夫,在困难中迅速磨砺其个体性力量的强度和韧性,成为指导老师和辅导学长。师徒制传承和农夫互助体系、市场公司、标准认证体系的三元组织架构逐渐建立,虽离完善尚需时日,但已能更好地支持起步农夫系统地掌握和深入地实践活力农耕农法。

四、目前国内实践农场分布

目前被认为正在实践澳洲活力农耕农法的实践农夫有几十位,实践农场分布于广东、云南、浙江、山西、陕西、湖南、四川、重庆、北京、上海、江西、辽宁、江苏、安徽、黑龙江、河北、河南、新疆等省区市,并即将在更多省区市生根发芽。

澳洲德米特活力农耕认证是一套独立的认证体系，由公益组织澳洲活力农耕研究院委派经验丰富的一线农夫/抽检员评估，实地就农场与农夫各个角度所达到的实际成效进行调查评估而完成。澳洲德米特认证已成为市场高品质的纯净食物的代表。目前澳洲活力农耕亚太协会中国部正受托进行认证引进和本土化的系统工作，以在未来为中国的实践农场提供标准化评估服务。

目前已正式通过澳洲德米特活力农耕认证的实践农场有台湾花莲的光合作用农场、香港坪洲岛欢营有机农场、陕西咸阳绿我农场、台州中德农场。

受澳洲活力农耕协会认可，澳洲活力农耕亚太协会中国部为国内唯一指定的澳洲农法推广机构，现阶段为新农夫伙伴提供培训引导、技术交流与相关服务。

本文仅代表当前阶段的观点，供读者参考，若有偏颇，还望探讨斧正。

生物动力农业

林日安[①]

生物动力农业,又称为"生物活力农业"或"活力农耕",源于哲学思想人智学。1924年发源于欧洲的有机农耕体系,在康复土地与生产健康食物上有许多成功之处,如今全球已有45个国家和地区的人们在从事该农法,而严格遵照生物动力农业规程生产的农场,可申请获得德米特有机认证,并且成为德米特的成员。

生物动力农法,依据人、动植物、生态环境、地球运行与星辰变化,从整体的角度,把农场视为一个活的有机体。农场不仅仅是一个单纯的生产型农场,其建立前提是,越能够自我供给的农场就会越健康。其目标是拥有大量多样性的植物和动物,形成一个能够自我循环的农场。带来的是一个"生物性活动增多了的,以及和行星的宇宙性韵律相一致的活着的土壤"。活着的土壤,包括土壤中的微生物,能够建立、维持、增长微生物的一系列生存条件。

一、生物动力农业的特点与基本原则

生物动力农业的方法主要是三元哲学思想:增加食物的活力,灵性和科学相结合,重建自然资源。核心是加强、恢复土地活力,增加植物和动物的生命力。

对于生物动力农法,《农业八讲》是这个农法的一本基础性书籍,是鲁道

① 作者简介:林日安,北京凤凰公社(生物动力实践农场)负责人。

夫·斯坦纳的八场演讲，正是这八场演讲才有了这个生物动力农法。整本书把农业的很多知识问题都概括了，从开始讲远近行星与物质的角色，不同行星不同的影响，到农场就是一个生命个体，比喻成一个倒立的人，接着讲关于碳、氮、硫、氧和氢这五者之间的关系，它们与植物、动物和人的关系，然后就到了关于生物动力农法的核心启动剂（BD500—BD507）的讲解，各种启动剂配方的做法，最后还有关于杂草、病虫害和动物等之间的各种对待与处理方法。

《天文农历》是本日历，起源于英国的玛丽亚·图恩。这本《天文农历》是生物动力农业的一本核心操作日历，农夫们可根据它来种植、移栽、留种、剪枝等等。《天文农历》中包含了月亮、太阳、十二星座、四象与根叶花果、远近行星，还有二十四节气等，日历中详细地表达了它们之间的变化与它们之间的相互影响，等等。

其操作原则主要包括：

（1）恢复土壤中的有机质，土壤迫切需要这些有机质的最好形式——腐殖质来保持土壤肥力。

（2）恢复土壤成为一个功能平衡的系统，成为活着的土壤。

（3）不否认土壤矿物组成的角色与重要性，关注土壤生命的基本因素，巧妙运用有机物质。

（4）生命不仅是化学物质，生命和健康仰赖于物质和能量的相互作用——光合作用。

（5）物质组成与能量因子的交互作用，形成了一个平衡系统。只有土壤处于平衡状态，植物才能健康生长。

（6）微量元素与健康、完善生理运作之间的重要性，酶和生长物质同样重要，而生物动力农法在处理动物粪便及堆肥时都包含进来了。

（7）为了恢复和维护土壤的平衡，适当的轮作是必要的。

（8）农场或庭院的整体环境也是很重要的。

（9）土壤不仅是化学的矿物有机系统，还具有一定的物理结构。

二、BD启动剂(BD500—BD507)

生物动力农业与其他的有机农业相比,有着很多的共同之处,比如不使用农药化肥、进行轮作,种植绿肥增加土壤肥力;还有堆肥,有机农场都自己堆肥,而生物动力农业的堆肥跟其他的有机农业的堆肥有不同之处。他们在堆肥的过程中加入了他们自己所制作的一套堆肥启动剂,增加了堆肥的各种元素,还注意到了微量元素与健康、完善生理运作之间的重要性,这些在堆肥中都囊括进来了,从而使堆肥发挥更大的作用。

BD启动剂(BD500—BD507),可以使植物对周边环境变得更敏感,尽可能在更大环境范围内利用物质和力量。

BD500,角肥,主要材料是母牛角和牛粪,在秋天把牛粪塞进母牛角里,埋进地里(深度45~80 cm)经过半年时间,来年春天取出来。主要作用:激活土地能量,有强大的微生物菌群。

BD501,硅肥,主要材料是母牛角和石英,在夏天把石英磨成粉,和水成面团状填进母牛角里,埋进地里(深度45~80 cm),晚秋的时候取出来,保存到来年春天使用。主要作用:喷洒在植物叶片上,石英的六棱特性,反射不同的光,植物选择性吸收不同的光。

BD500与BD501,代表着一阴一阳,前者激发阴性的能量,拥有强大的微生物菌群,作用于土地的四周,后者激发阳性的能量,有利于作物叶子的发育和促进光合作用。

BD502,主要材料为西洋蓍草干花和公鹿膀胱,在夏天把干花塞进公鹿膀胱里压紧缝起来,整个夏天挂在日照多的地方,秋天取下来埋于土地里(深度20 cm,502—506深度一样,后面不再括注)经过半年时间,来年春天取出来。堆肥启动剂——钾元素。

BD503,主要材料为洋甘菊干花和牛小肠,在秋天把干花放进牛小肠里压紧缝起来埋于地下,经过半年时间来年春天取出来。堆肥启动剂——钙、钾元素。

BD504，主要材料为荨麻和泥炭土，在秋天把凋谢后的荨麻直接埋于地下，在上面盖层泥炭土，经过一年的时间，来年秋天取出来储存。堆肥启动剂——钙、钾、铁元素。

BD505，主要材料为橡树皮和牲畜头骨，在秋天，把橡树皮剁碎，装进牲畜头骨里，封住头骨放进土地，用泥炭土把它盖住，最好埋于雨水经过的地方，经过半年的时间，在来年春天取出来储存。堆肥启动剂——钙元素。

BD506，主要材料为蒲公英干花和牛肠系膜，在秋天把蒲公英干花放进牛肠系膜里，埋于地下经过半年时间，来年春天取出来储存。堆肥启动剂——硅、钾元素。

BD507，主要材料为缬草花，用缬草花来榨汁，然后稀释储存。堆肥启动剂——磷元素。

BD502—BD507，主要作用于堆肥，让堆肥更具有能量。该堆肥涵盖了这套启动剂的能量，然后与BD500和BD501相互作用，共同作用于土地，转化土壤与激活土壤的活性，还可促进和激活植物本身，吸收来自上方的力量。

三、已认证德米特生物动力农场

德米特标准1928年形成于德国，是世界有机农业运动中最早的生产质量体系标准。德米特认证的产品必须遵循生物动力农业农耕方法种植，从生产、加工到包装均有严格标准。德米特国际组织总部位于瑞士多纳赫，只有通过德米特国际组织的综合认证程序，严格符合德米特的生产与加工标准的产品方可获得德米特认证。

在中国，目前已认证德米特生物动力的农场有北京凤凰公社、广西华立巴马德米特农场、山西禹光有机农场、南京秦邦吉品有机农场、青岛康瑞播慧庄园、武汉清枫谷、君鉴有机农场、南京九蜂堂等，跟着还有很多正在准备转型的农场，也在做认证的准备，相信在未来的十年里，生物动力农园将会遍地开花。以上已得到认证的德米特农场，各有千秋，有需要改进的地方，也有值得借鉴的地方，推荐大家参观考察。

四、生物动力农法推广的瓶颈

对于生物动力农法推广的瓶颈,主要包括三点:一是操作较麻烦,有农场饲养动物的要求,要收集很多种材料作启动剂,还要制作堆肥等;二是在有机农业里,德米特认证被称为最严苛的认证,不能使用外来投入物,包括有机肥、生物农药等;三是详细的记录制度,农场投入与产出,各种在农场发生的事情都要详细记录,为每年的认证提供详细资料。

森林生态农业

裘 成[①]

当提到农业,我们想到的往往是一望无际的田野。比方说,绿油油的小麦田,或是金灿灿的油菜花,或者一片水稻田里,弯着腰的农民在辛苦插秧。而当我们提到林业,眼前浮现的往往是郁郁葱葱的一片树林,或种植着单一品种的苹果、橘子的果园。

但事实上,国际上越来越流行的,是把这两者相结合的农林生态体系,也称混农林业(agroforestry)!这其中,森林生态农业(forest garden)是层次比较丰富的农林生态体系,也称食物森林(food forest)。

一、什么是森林生态农业

简言之,森林生态农业就是模仿森林来种植食物。想象自己身在一座森林,目之所及都是食物——头顶上,苹果、梨、樱桃、山核桃、板栗等坚果和水果正逐渐成熟,葡萄、百香果、猕猴桃的藤蔓攀缘着果树,而身边较为低矮一点儿的灌木上,缀着蓝莓、树莓、榛子和其他美丽的果实。向阳的菜畦里,有菠菜、草莓、西瓜、萝卜等蔬果正茁壮成长,还有种类繁多的香草散发着清新的气味,五彩缤纷的野花吸引着蜜蜂和各式各样的有益昆虫,蝴蝶在飞舞,鸟儿在吟

① 作者简介:裘成,美国康奈尔大学公共政策专业硕士,纽约大学食物体系研究学在读博士。可持续食物体系的研究与传播者,曾在美国从事国际食物政策研究、美国可持续农业与食物体系的转型研究七年,参与城市农业、堆肥、森林生态农业、社区支持农业、从农场到餐桌等实践。2017年年初,回国推动中国可持续农业与食物体系发展。

唱。你还发现,在树荫下还藏着各种蘑菇和叫不出名字的草药,处处都是丰富的食物与药材……你呼吸着空气中健康土壤的味道和植物的芬芳,感受到身心的愉悦、自然的疗愈。而你知道吗?如此丰富的食物与药材,我们都可以通过与自然协作而获得,根本不像想象中那样辛苦。

这种食物生产体系就是森林生态农业,它结合了生态农业和朴门永续的理念,活用多年生与一年生的作物,通过多层次、多物种的生态设计,最大化地利用阳光,实现水和养分的循环。不同生物之间相互协作发挥了自然的力量,代替来自人的投入和管理。例如:施肥作物,具有固氮作用的树种,可以代替合成氮肥;矿工作物,可以分解土壤中的矿物,将养分提供给其他植物使用;吸引传粉者的植物,不仅吸引蜂蝶前来传粉,还吸引各种益虫,与系统中的其他动植物一起形成完整、多样的食物链,防治病虫害。随着森林生态农业系统的成熟,产量将会越来越高,而最终,所需要的人力投入,主要就是收获这些果实。

我们目前的农业很大程度上基于一年生作物的单一种植,整片农田都是小麦、玉米或水稻;水果也往往是单一种植,果园里一行又一行相同的果树,结着同一品种的苹果、橘子、桃子;温室里全是草莓,或全是同一种蔬菜。毫无疑问,当一片土地仅种植一种作物时,计算产量时一定会得到一个美妙的数字,但这也意味着我们抛除了很多本来可以种植在一块、相互有促进作用的植物。当不同的作物生长在同一片土地上时,我们收获的是一篮子品种丰富的食物,甚至可以做到四季不断。

说到产量——农业的本质是什么?农业其实就是把太阳光的能量通过光合作用直接或间接转换到食物中的过程。假如我们利用能量转换率来衡量农业的效率,那么多层次、立体的森林生态农业的能量转换效率要比单一化的、平面的农业要高得多。事实上,森林生态农业是最古老的土地资源利用形式,也是最具可持续性、抗灾力最强的农业生态系统。最近的一项科学研究发现,地球的绿肺——亚马孙热带雨林曾是古时的原住民遵循森林生态农业的理念来维护的。

二、森林生态农业的层次

一个简单的森林生态农业可以是三层:树、灌木和地表植物。而复杂一点儿的森林生态农业可以有七个层次,包括:大型乔木层、小型乔木层、灌木层、攀缘植物层、草本植物层、地被层、根际植物层。

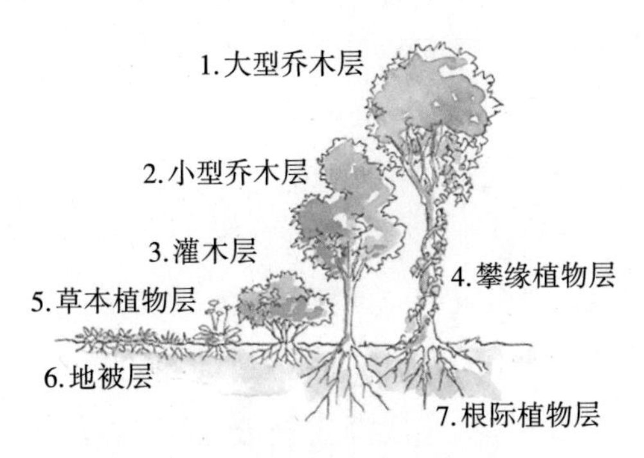

图4-1　森林生态农业的七个层次

每个层次都可以因地制宜地种植多种植物,例如表4-1。

表4-1　可以融入森林生态农业的可食植物(举例)

乔木层	栗子树、松树、苹果树、梨树、杏树、桃树、桑树、柿子树、樱桃树、山楂树等
灌木层	包括很多开花、结果、吸引野生动物的灌木,如蓝莓、玫瑰、树莓、榛子、枸杞等
攀缘植物层	葡萄、猕猴桃、百香果等
地被植物层	多年生蔬果(如草莓、黄花菜等)、香草、草药、蘑菇等

植物不仅可作食用和药用,有些植物还有"施肥"功能。自然界有一万六千多种固氮植物,所有的豆科植物都具有固氮的能力,免费将空气中的氮气变成土壤中的氮肥(见表4-2)。

表4-2　可以融入森林生态农业的"施肥"作物(举例)

固氮树种	槐树、赤杨/桤木、合欢树、相思树、任豆、降香黄檀、沙棘、木豆等
地表固氮作物	三叶草、紫花苜蓿、野豌豆、各种草本豆科植物等
矿工作物	蒲公英、紫草科聚合草属作物、萝卜等

因为农业是与生命打交道的行业,在不同气候与地域环境下所选择种植的作物当然需要因地制宜。可以观察本地环境中适宜生长的植物,询问当地林业、农业管理部门,农业院校里的相关专家,以及搜索植物志等资料,探索适合当地种植的可食作物和施肥作物。即使农场以种植某一种或多种经济作物为核心,也可以采用森林生态农业的模式丰富作物多样性与立体层次,提升农场的能量转换效率。

三、森林生态农业的空间与形式

森林生态农业在乡村和城市均可实施。在运营形式上,可以与社区支持模式、从农场到餐桌模式等相结合;在目的上,既可以侧重商业化,也可以侧重社区营造,或生物多样性保护;在规模上,小到自家后院,大到千亩农田,都可以采用森林生态农业的原理和方法来生产食物。这里仅以我了解的一座食物森林为重点,介绍森林生态农业的几种形态。

1.美国首都附近的森林生态农场“Forested”

Forested森林生态农场与森林生态农业研究教育基地位于美国马里兰州,距离华盛顿仅有30分钟车程。农场的使命是通过森林生态农业来恢复当地生态系统,并且为社区生产丰富的食物,探索一条与自然和谐共处的农业发展道路。农场每月都有一次免费的讲解,向对可持续农业感兴趣的新农人和大众介绍这种适应未来的农业模式。Forested是美国第一座社区支持的森林生态农场,曾被美国《国家地理》杂志等媒体报道。过去几年,我在华盛顿研究国际食物政策,工作之余每周最开心的时光就是去Forested务农,学习和实践森林生态农业,和美国新农人一起恢复自然、构建社区。

2010年的时候,Forested还是一片土壤严重退化的农田,曾连续种植烟草上百年,近代以来的70年使用化肥农药种植玉米和大豆,所有能够测量的土壤肥力因子都消失殆尽,土壤板结极其严重,部分土壤的有机质含量连0.1%都不到。

通过实施森林生态农业与用堆肥改良土壤，短短六年后，这里就变成了一片生机勃勃的食物森林。数千种具有食用、药用、建筑和生态价值的草木、动物和菌菇在健康的生态系统中繁盛生长，不需要人为灌溉或施加任何合成肥料或农药；人与自然的良性互动不仅为当地居民提供了纯净营养的食物，也营造了美好、积极的社区环境。

森林生态农场的第一年，管理者根据地形、光照、水源和人与农场的关系等因素进行了规划和种植，其后每年都会源源不断生产食物。

农场开始自然地长出杂草，它们为森林农场增加生物质含量，帮助恢复土壤，只要不影响农场所规划的可食植物的生长，都无须清除。

农场在10英亩（约60亩）的土地上种植了上百种可食植物，许多都是适合当地环境的作物。在最初的几年，我们发现北美的柿子树和来自亚洲的豆梨树虽然果实小、不好吃，却能自然地在农场落地生根，生长得很好。这个观察告诉我们，这两种植物很适合在这里生长，于是我们利用嫁接技术，将多种亚洲柿子品种嫁接到北美柿子树上，将多种欧洲梨和亚洲梨品种嫁接到豆梨树上，利用当地作物生产美味果实，不仅省时省力，也巧妙地降低了长途运输水果的需求。

百香果、猕猴桃和葡萄等藤蔓植物攀着围栏、绕着树木生长，成熟的果实香甜可口、营养丰富。

农场的坚果树和水果树为我们提供了长期收益，而蔬菜则为我们提供了短期收益。在菜畦里，我们根据植物之间的互补作用，利用“好朋友种植法”（按照互利共荣的植物关系间作或者轮作的方法）种植蔬菜。

农场种植了很多不同的固氮作物，从地被层的三叶草，到乔木层的槐树，高高低低。它们是农场的天然氮肥来源，为周围的植物提供养分。

动物也为农场提供了大量天然氮肥，20多只鸭子和两只鹅在森林生态农场轮牧，自由嬉戏，除虫除草。鸭子也为我们提供了鸭蛋，送给社区中需要的人。鹅还能保护鸭子不被狐狸和鹰叼走。

每棵可食果树的南侧，基本都种上了一棵“矿工作物”，如聚合草（Comfrey)。“矿工作物”主根深长、生长迅速,可以把深层的土壤分解,将营养物质输送到表层,供给周围的其他植物使用。

我们像爱护我们的肠道一样保护土壤,种植覆盖作物,或使用覆盖物(如硬木屑、稻草、树叶、硬纸板)来覆盖土壤、抑制杂草,尽量不去干扰土壤微生物,从而保持土壤肥力。尤其是种下每棵树时,利用硬纸板和硬木屑覆盖的方法让我们无须除草,树木会自己生长,不需要特别维护。

森林生态农场还收集本地的有机垃圾来制作堆肥,恢复和改善土壤。我们收集社区居民的新鲜厨余垃圾,以及附近星巴克的咖啡渣,作为含氮的绿色原料;当地很多景观公司为了省去垃圾处理费,也会免费给我们提供未经处理的硬木屑废料,作为含碳的褐色原料。我们利用这些免费的本地资源,制作大量的堆肥,每年10~15吨,加速土壤恢复,为植物提供营养。

森林农场有不少本地野花和其他吸引传粉者的植物。各种昆虫还引来鸟儿等小动物(包括附近的狐狸家族),形成完整的生物链,自然地帮我们解决病虫害问题。

我们还与养蜂人合作,在农场养蜂,不仅可以利用植物的多样性来保护蜜蜂种群,还可以收获本地蜂蜜。

森林农场10英亩中的4英亩地(约24亩),在70年前烟草种植结束后,没有人为干涉,自然地变成了一片森林。我们利用成熟森林的树荫,规划种植了喜阴植物和一些草药。

我们还在农场一片比较低洼潮湿的林地上种植了一些蘑菇。我们挑选与蘑菇品种所对应的树种的树桩,在上面接种蘑菇孢子,种植不同品种的香菇、平菇、猴头菇等。

森林生态农场种植如此多的植物,是否需要很多人力呢?事实上,大部分工作都由大自然完成了,我们投入的人力很少。60亩的土地,农场管理者只有两位,也并非全职工作。森林生态农业吸引了来自世界各地的志愿者。每周五是志愿者日,1~2位志愿者会来帮忙;暑假期间,学生较多,最多会有5~8位志愿者来参与劳动、学习与自然共生的农业。每年几次,会有需要人手比较多的农活，比如集中植树、嫁接、除草、处理堆肥、种蘑菇、加工橡子等，这时通常都能轻易招来十几位志愿者，或者与农场的课程相结合，大家一起在谈笑中快乐地完成工作。

你也许会问，森林生态农场生产如此多不同的食物，如何销售呢？我们采用社区支持农业的方式，会员家庭在每年农季之初支付会员费，定时来农场取菜；随着四季更迭，消费者们可以收到不同的应季蔬菜。

森林生态农场也是孩子们的乐园。在这里，孩子们接触和认识大自然，身心健康地成长。

Forested森林生态农场不仅运营良好，作为森林生态农业的研究教育基地，它培育着越来越多的新农人，探索与自然和谐共处、支持社区的农业发展道路。农场推出了一系列课程，如生态农业课程、土壤生态学与堆肥课、森林生态农场设计与维护等，将森林生态农业普及给更多新农人和园艺爱好者。

2.城市社区食物森林

城市里也可以建造食物森林。社区食物森林从2008年开始在美国流行，有助于构建可持续社区、加强粮食安全、提升社区的适应力与抵抗力，并促进社区、环境与健康正义。社区食物森林的理念是：每个人无论经济与社会地位如何，都应该能享有买得起的、新鲜的、在本地用生态种植方式种植的食物。

社区食物森林往往由不同的利益相关方合作推动，例如政府提供政策支持，政府或基金会提供经费支持，社区机构或NGO组织居民共同参与社区食物森林的设计与维护。社区食物森林不仅给居民提供共享的食物，也是居民休闲娱乐的好去处，让人们与大自然接触，疗愈身心，同时还能给孩子们展示与自然协作的生活方式，为野生动植物提供栖息地，净化城市的空气、水源和土壤，美化城市，为城市蓄水防洪，好处多多。

3.侧重商业化的森林生态农场

食物森林也是可以盈利的。美国威斯康星州的商业化森林生态农场New Forest Farm，于1994年成立，占地110英亩，属于美国最成熟、生产力最高的可持续农场之一。农场主要的商业作物包括栗子、榛子与苹果，同时还生产核桃、山核桃、松子、梨、樱桃、芦笋、南瓜,还有放养的牛、猪、羊、火鸡和鸡。农场不仅有着良好的、多样化的盈利方式,还带动了威斯康星州的榛子产业链的发展。农场主Mark Shepard称自己的农业模式为修复型农业(Restoration Agriculture),不仅可以规模化地生产食物并盈利,还可以规模化地用农业来修复环境。Mark将他的务农经验编成《修复型农业:给农民的朴门永续实用手册》(*Restoration Agriculture: Real-World Permaculture for Farmers*,2013年出版),希望造福更多人。

森林生态农业已在美国变得越来越流行。即使在美国中西部的大草原,森林生态农业也正在被越来越多的农民接受和采纳。草原研究所(Savanna Institute)与当地农民和科学家合作,产、学、研相结合,与农民们一起收集数据并做案例研究,帮助感兴趣的农民实现这种具有高生产力、高经济价值且能恢复环境的商业化食物生产模式。

四、中国是否也有森林生态农场

我自2017年年初回国,参访了不少生态农场,其中有两个森林生态农场尤其让我印象深刻。

一个是福建漳州的"光照人有机茶园"。2400多亩的有机茶园里种植了很多名贵的、富含药用价值的树木,这些树的叶子落下后自然分解,养分被茶树循环吸收,增加了茶叶的药用价值。更巧妙的是,不少名贵树木本身还是固氮树,如相思树(可做家具的名贵木材)、任豆、降香黄檀等。茶园因为种植各种树木,拥有丰富的生物多样性,形成完整的生物链,自然地解决病虫害问题,让茶叶的有机种植不再困难。

光照人有机茶园的农场主雷龙和林芳,回归家乡种有机茶已有十六年。入行之初,他们请教了当地的林业管理部门的专家,了解适合本地种植的功能性树种,学习森林生态农业的种植方法,让茶叶与自然协作生长,不用化肥农药。他们通过种植有机茶,不仅收获了经济效益,也恢复了当地的环境。他们还在茶园设立了培训接待中心,希望将这种有机茶种植技术传播给更多感兴趣的人。

另一个是福建连城四堡镇的“唯石生态园”。农场主用六年时间，将一片300多亩的荒山恢复成了森林生态农场，主要种植经济作物油茶树，树下套种黄花菜，并且还种植了百香果、红心李、猕猴桃、桂花、杨梅、山药、花生、萝卜等作物。目前，农场不仅将产品销售给3000多个固定家庭，还通过自然游学体验等活动，给消费者家庭提供认识自然的机会。

唯石生态园的农场主马华昌，还带动四堡镇更多的农场转型森林生态农业。当地很多农场目前的耕作方式往往是一座山仅单一地种植红心李、桃子或柑橘，需要施用大量化肥农药，以至于山上寸草不生。如今，整个镇上有二十多家农场开始做森林生态农业试验地，并且获得了镇政府的极大支持。这些农场与厦门大学的生态学系合作，一旦转型成功，经厦门大学检测无农残，就可以从政府获得生态农业补贴。

社区食物森林也开始在中国大都市中崭露头角。上海已有二十多个社区花园，在近一两年出现在小区、公园和学校里。上海社区花园促进会正在推动上海2040食物森林计划，计划在2040年建设2040处食物森林，将上海变成一座美丽的人人共享的花园。期待社区食物森林在中国的更多城市开花，让社区更美好。

五、总结

过去的农业，是以单一化种植为主、依靠化学品的工业化农业，而未来的农业是以多样化为主、与自然协作的生态农业。2016年，国际可持续食物体系专家组提出，全世界急需系统性的变革，向以生态农业为核心的可持续食物体系转型，以解决人类的环境、社会、健康难题。美国在近几十年，因为意识到了工业化农业食品体系给社会、环境和健康带来的巨大危机，正快速地向可持续农业与食物体系转型，城市食物森林、社区农园、生态农场在各地遍地开花，无不昭示着农业的变革。

让我们通过与自然协作的农业来生产滋养我们身心的食物，重建我们的家园，修复人与人、人与自然之间的关系吧！

自然农业

赵汉珪[①]　郑哲[②]

一、自然农业起源及其创始人

1. 自然农业的起源

自然农业是韩国自然农业协会赵汉珪会长经过四十多年的研究实践创立的环境保护型农业,并创立了品牌Janong。经过四十多年的发展,具有Janong品牌的自然农业农畜产品,已于2003年9月获得了ISO9001、ISO14001体系认证。目前,自然农业在韩国、日本、中国、美国、蒙古国、泰国、菲律宾、越南、马来西亚、刚果(金)、坦桑尼亚等30多个国家得到应用和发展。

赵汉珪出生在农村,从小就和农业结下了不解之缘。1960年毕业于水原农林高等学校,对学校所传授的农业和畜牧知识完全脱离了农村的实际,感到很痛苦。之后开始投身农业实践与研究,曾到日本60余次,学习日本的农业。对赵汉珪创立自然农业起到重要影响的有三位导师,并被赵汉珪称为"三位导师奠定了自然农业的基础",分别是具有卓越的观察力的山岸已代躲先生、活用酵素和微生物的柴田欣志先生、提出营养周期理论的大井上康先生。

2. 什么是自然农业

自然农业不可能用一句话来说明。从广义上讲,自然农业与有机农业都

---

① 赵汉珪:韩国自然农业协会会长。

② 郑哲:吉林延边自然农业研究所所长,中国自然农业、自然养猪法的倡导者和实践者,有十余年的发酵床养猪法培训与实操经验。本文系郑哲翻译、整理。

是环境农业的一种形态，但从应用原理和农业生产技术方面看有很大差别。自然农业与其他环境农业有以下几个不同的特征：

第一，自然农业顺应自然规律，强调与自然的和谐；

第二，自然农业提倡农民自己动手利用农场周边的农副产品制作农业生产资料；

第三，自然农业提倡有畜复合农业；

第四，自然农业在农业和畜牧业上有独特的自然农业技术体系；

第五，自然农业的技术特点及长处是根据植物和动物的生理生态需要进行施肥和饲养（即营养周期理论——适期、适肥、适量）。

非要对自然农业下定义的话，可定义为“广泛利用当地的土著微生物、自然界的农副产品替代除草剂和化肥，农民自己动手制作农业生产资料，依据自然规律，充分发挥动植物的潜能，降低劳动和生产费用，提高产能，生产高效低成本农产品的生命农业”。

3. 自然农业的技术特点

自然农业的技术特点主要表现在五种核心秘方、三种辅助材料及各种矿物质微量元素制作，就是综合利用我们周围的自然资源制造发酵剂和各种生物营养剂。在养殖业方面，在特殊设计的猪舍（已获韩国发明专利，专利号052850）、鸡舍里直接发酵粪便，舍内无臭味、不生蛆、无苍蝇，没有“三废”污染，可生产出节约饲料（省饲料约10%）、节省劳力（省劳力约50%）的高效、优质的健康畜产品。种植业方面，利用该发酵剂和各种生物营养剂，制作微生物发酵肥及植物生长调节剂，整个生产过程不施化肥、农药，也能生产出优质高效的健康农副产品。

二、自然农业基本原理

1. 顺应自然

从本质上讲，农业生产是生活在自然界中的人类，以自然界为基础，利用阳光、空气、水、土壤等自然条件,生产人类赖以生存的生命源泉——食物的基本活动。但是,随着岁月的流逝和农业生产的循环往复,人类的贪欲破坏了按照自然规律进行的农业生产秩序。滥用除草剂和高毒农药,导致有益微生物大量死亡,结果土壤失去了本身的效力。与日俱增的连作障碍及灾害就是有力的证据。这些是人类在"发展"或"技术"的美名下干预、破坏自然的恶果。虽然人类种植了作物,但人类不是使作物生长的主体。人类只不过是单纯的管理者,作物是在自然界诸多因素的综合作用下自己生长的。

自然界的运行不是依靠某个特定人的知识和力量来左右的。所有的生命体在忠实履行自己职责的前提下,肯定对方、尊重对方(自他一体原理),在真理和和谐中建立生命的基础,这才是自然的法则和道路。依据这样的原理进行的耕种和饲养方式才是真正的农业。自然农业是以子女对待父母一般的亲情和心灵,对待植物和动物,与大自然和谐共存的农业。在自然的怀抱中的人,按照自然的规律从事的农业生产就是自然农业。这就是农心。农民都应该拥有这种农心。

2.必要的材料就在身边

传统农业是同时饲养动物和种植作物,循环利用各自的排泄物,也就是说,利用自然界原有的资源。但随着化学农业的普及,人们普遍认为从经销商那里购买农业生产资料是天经地义的事,其结果是因过量使用农业生产资料导致土壤被污染、生产成本增加。自然农业活用的土著微生物、汉方营养剂、天惠绿汁、乳酸菌等是利用我们身边的自然界的副产品生产的。

请再想一想,人类尚未开垦的深山老林里的土壤,随着岁月的流逝会越来越肥沃,一直到深层。无须用机械耕耘,植物的根系自然会伸展到土壤深层。这就是生命体适应地域及环境来维持其生命的自然规律。我们不应该继续采用投入巨额农资和无休止的劳作来从事农业生产,不应该继续采用物理学式的思考方式,不应该继续采用无生命的分析营养学或商业性的本本主义农学。自然农业是以热爱自然的亲情、与自然共荣的农心和同自然取得和谐的农业。

3.享受于生产过程

我们要面向未来的生活，若被陈旧僵化的观念提出的目标所束缚，得到的只有徒劳。要知道农民一生埋头务农也只能积累40～50次的经验。就连这有限的经验，也并不是在相同的环境条件下得来的。我们要适应变化的环境，顺应相辅相成、共存共荣的自然大潮，以崭新的面貌和动植物一起共创未来。这才是真正的农者之道。

过程比结果更重要。农作物在生长过程中，适应季节的变化进行自我调节。种子充分发挥自己固有的特性开花结实。而近代农牧业则提出各种人为的目标，无视自然规律，徘徊在人为的束缚中。真正的农民应享受于生产过程，用亲情热爱自然，在相互信赖和完全平等自由的基础上，在顺应自然规律发展中，体现生命的价值，畅享人生的喜悦。

4.在“0”的位置观察

对农民来说，将观察标准的着眼点放在什么位置是最为重要的问题。在观察事物之前，首先要想到作为观察主体的自身到底是谁，是怎样形成的，是用什么作为基准获得判断力的。

我们拥有的能力的源泉，来自大自然中的动植物、阳光、空气、水和泥土等，就连我们的意志表现或判断能力，也是受到自然界有形无形的影响形成的。说没有一样是单纯靠人类自己的力量形成的也不为过。

比如，人们一直认为地耕得越深越细，则对作物根部生长发育就越有利。但实际情况并不是那样，那些生长在深耕细作的土壤里的农作物的根，很容易被拔出来。与此相反，要想拔出没有进行深耕而播种的农作物的根，就会拉断其根茎。那么，哪种耕作方法能让根扎得更深，对农作物更有利呢？

换句话说，我们必须摆脱迄今为止的农学或农业技术常识的束缚，必须把自己放在“0”的位置上观察动植物，这样才能发现其真正的本质。只有将诞生在历史中的自己，摆在历史中的“0”的位置上，以尊重对方的相辅相成的精神和实事求是的态度观察事物，才谈得上是公正的观察。到了那时，我们的农民，还有所培育的植物、动物和微生物，还有自然资源如阳光、空气、水和土壤等,才能最大限度地发挥各自的潜能。

人类的观察力和判断力存在于大自然的和谐中,它不是人类自己创造出来的。在观察外部之前,先观察自身的内部,观花之前,先看其根,在评价对方之前,要将自己判断标准的着眼点放在“0”的位置上。摆正自己的位置,这是我们首先要具备的思想前提。

5.以相辅相成为本

相互信赖是最基本的。动植物与人类的关系不应该是无视自然规律的掠夺与胁迫关系,而应该是以相辅相成为基础的共存共荣的关系。

讨厌苍蝇就应该控制蛆的滋生和生长环境。不愿意除草就要想方设法控制杂草生长。利用草和草之间的竞争,就能控制不利于农作物的杂草发芽和生长。草不仅给农民带来了烦恼,也能帮助农民解决烦恼。人类要对自己给蛆提供了使其滋生与生长的场所以及给杂草提供了使其滋生与生长的环境的过错进行反思。这种过错累积起来,只能使农民自讨苦吃。

因为生长的主体是鸡和猪,所以它们的生长应该交给它们自己,人类不应该抢夺它们的生长权利。采用无视家畜生长规律的机械化饲养方式培育出来的猪,怕寒冷,易得病,其结果只能导致现代畜牧业生产过度地依赖药物。这就是近代的畜牧业的弊端。现代科学不知哪儿出了错,不反思这种错误,反而越来越助长它。我们再也不能把正在衰败的农村,依附于这种既需要大量生产费用,又压抑农民主体性的近代机械化畜牧业技术上了。只要我们热爱自然,为子孙后代的未来着想,就不能对这种情况听之任之了。

为了守卫我们的故乡,守卫为我们生产粮食的农村,我们要同心协力,按照自然规律办事。只有相互信赖,和谐共存,才能迎来繁荣。这就是自然农业,这就是农者之心。

三、构筑三大基础

农作物并不是按照肥料投入的多少生长发育的,而是根据其所吸收的养分,按照固有的营养周期进行的。农作物作为生长发育的主体,在适宜的环境条件下,按照不同的生长发育阶段,吸收适量的养分,从而保证正常生长。

不应该以多元复合肥做基肥为中心,人为地干涉或强制性地破坏农作物的生长发育规律,农业生产要以营造能够使农作物自由地吸收所需养分的环境为根本。为此,要了解农作物的性质,要从有利于发挥农作物自身潜能的角度进行研究。

只有维护好农民和农作物之间相互依存的关系,才能使农作物正常地生长发育。如果这种关系遭到破坏,就会引起农作物营养过剩或不足,或者引起农作物抵御病害能力下降。

1.构筑土壤基础

首先要做的,就是构筑土壤基础。农作物的生长发育,需要有能够很好地吸收养分的健康的根系和能够使其稳定地发挥天生潜能的土壤环境。也就是说,农作物既需要具备维持生命和繁殖后代的吸收能力,也需要能使农作物适应特定条件和发挥自身生活能力的土壤。

●免耕

自然农业以不耕地为基本。土壤本来就不需要人们特意地用耕耘机或拖拉机等物理机械进行耕耘,因为土壤有自我耕耘的能力。土壤是靠土壤动物和微生物自然耕耘的,人们只需要给它们创造良好的生存条件就可以了。

生硬的土地或经过人们踏实的土地,若用稻草或草袋覆盖在上面,其状态将会发生怎样的变化呢?只要是从事过农业的人,都会有这样的体会:再硬的土地,如果用稻草或草袋覆盖在上面,其状态就会发生变化。被稻草或草袋覆盖的土壤,因不能被光线照射,水分蒸发就会受到抑制,就会变得潮湿,不用人为地去耕作,土壤就会滋生霉菌等许多微生物,随即会聚集以此为食物的线虫,随后又引来以线虫为食物的蚯蚓。蚯蚓是益虫,渴了它会钻入地下4~7米深处找水喝,一年至少能吃掉20~30升土。它还用自己的排泄物肥沃土壤,是我们农民耕作的伙伴。有蚯蚓的农田不怕干旱,下雨了也会很快渗透。所以,用蚯蚓也可以防御地下水位升高和多雨天气。

蚯蚓多了会引来以它为食的蝼蛄或鼹鼠,土壤会被它们挖掘得越来越疏松,不用耕耘和改良,靠微生物和小动物就能完成耕耘。

取代耕耘机锐利的铁爪,蚯蚓用其黏稠的分泌物和柔软的躯体肥沃土壤,并将氧气引导到土层深处,使微生物和其他小动物的栖息领域不断扩大。同时也促进了植物根系生长,地温也会自然得到提高。

因为土壤不用人为地机械耕耘或加以改良,靠微生物或小动物也能得到不断耕耘,所以自然农业采取免耕法,同时为微生物营造适宜的栖息环境。

●用稻草与落叶覆盖

若是不用除草也能种地,种地也可以称得上是能够保障安定生活的职业。

是否可以这样认为,杂草并不仅仅是危害农民和农作物的客观存在。相反,自然界若没有杂草,人类和动物将无法生存。可以说,草是大自然对人类的恩赐,虽然草能随处生长,也实在太多,但是人类还是应该正确地对待它。

自然界是和谐的,杂草也不例外。用心观察就会发现,在一年的不同季节生长的草的种类并不相同,它们的生长有着自己的规律,相互间保持着相对平衡有度的协调关系。草的种子也不是在什么时候、什么地方都能发芽,只有在条件适宜的时候才能发芽。

几乎所有的种子,若被相当于自身4~5倍体积的物体所覆盖,就不能发芽。所以,在秋天割完稻子后,将没有被切碎的稻草铺盖在水田里,水田里就不会长草。相反,若是挪走了稻草,用耕耘机或拖拉机翻地,露在地表面上的草籽,会被埋入地下,而土中的草籽又会露出地表,也就是说,即使一辈子同杂草斗争,也无法将其根除。

自然农业采取以落叶或稻草覆盖土壤表面的方法,抑制杂草生长。有的地方难以找到落叶或稻草,这些地方可以采取秋季种黑麦或种三叶草的方法。

若种植黑麦,待到第二年春天,黑麦会长到120~130厘米高,能抑制杂草生长。割下的黑麦直接铺到田里,能控制杂草生长,还能肥沃土壤,同时还能免除重新覆盖的劳作。由于黑麦的根系能够扎入土壤深层,会大大改善土壤环境,因此采用这种方法,我们就可以营造出与农作物共存共荣的适宜农作物生长的环境。

不要执迷于使用除草剂除草，而应该让杂草和杂草竞争，农民只需做裁判员。这可以说是“农乐”了吧。

现在，由于化学农业的畸形发展，人们企图用地膜覆盖的方法抑制杂草生长，但地膜覆盖并不是万全之策。如果认真分析，会发现地膜覆盖也会使农作物受到不良影响。用地膜覆盖能够抑制杂草生长，那么处在同一环境条件下的农作物的根系，又怎能不受影响呢？

地膜覆盖的另一个目的，是保持土壤温度，但这也有问题。地膜覆盖后，地膜下的温度，白天可上升到40～50 ℃的“桑拿浴”状态，而到了夜晚，则会下降到16～17 ℃的冷凉状态，昼夜温差极大。如果让人们生活在这种急剧变化的环境中，又怎能忍受得了呢？这种骤变的环境，对任何农作物的生长发育，都将带来不良影响。

地膜覆盖之所以能够得到推广，是由于农产品市场竞争日益加剧，人们执迷于早期收获。这种只注重地上部分叶和茎的生长，而不顾及根系的唯利是图的狭隘思想，是背弃自然规律的。土地作为我们必须留给后代的宝贵遗产，现在遭受如此摧残，我们还能无动于衷吗？

●用土著微生物恢复微生物平衡

现在，绝大部分耕地由于大量使用化肥和剧毒农药，造成土壤微生物贫瘠，种类日趋单一。土壤病害是通报土壤微生物与农作物之间关系恶化了的信号。目前耕地频繁发生土壤病害，原因是存在着不顾及土壤环境，以增产为目标设置了过多的设施，大量使用农药，大量施用化肥造成土壤中盐类积累过多等。

以上诸多问题的存在，使土壤中微生物的生存环境遭到严重破坏，导致了微生物群落单一，单一种类微生物的非正常繁殖，打破了土壤中微生物种群的平衡关系，而且单一种类微生物还攻击软弱的农作物根系，最终使农作物与微生物结成的共存共荣的关系陷于麻痹状态。目前，我们大部分的耕地正处在这种状态之中。

活用土著微生物是给这种被掠夺和榨取而处于濒死状态的土壤注入活力的方法。用稻草或落叶等有机物覆盖土壤表面，为微生物营造栖息之地，然后再给土壤补充采自当地的并在自己家培养的土著微生物和乳酸菌,使已经单一化的微生物种类重新恢复到多样化状态。

自然农业中采集材料制作天惠绿汁和土著微生物,就是恢复土壤的土著微生物平衡的方法。这样,土壤就会变得越来越松软,就会使土壤微生物与根系之间恶化的关系,重新恢复到互助共荣的状态,土壤内部就会重新找回安定。人和土壤应该在相互补偿、相互感激和相互承认各自生存权的基础上谋求共同繁荣,而绝不是掠夺和榨取。丰富多样的土壤微生物才会在相互承认、相互制约的秩序中生存。我们决不能让某一种类的微生物横行霸道。只有遵循这种自然规律,农民的生活才能得到保障,才能得到安定。

为了促进土壤微生物的繁殖,可给土壤施入微生物的食物——天惠绿汁。

2.构筑种子基础

中国有句俗语叫三岁看老。有了强壮的子叶作基础,才能形成健壮的根系,才能使真叶茁壮成长。没有什么比生产具有优良基因的种子更为重要。对农业来讲,种子是成功的基础。对庄稼人来说,种子是命根子。

生长在恶劣环境条件下的种子,往往比生长在过度保护条件下的种子具有更强的适应力和生命力。

种子的能力是从亲代遗传过来的,所以,没有坚实基础的种子,管理再科学,农作物也无法正常地生长发育。现在的种子,大都是以高产和符合人们嗜好为目的而改良与选育出来的,是以人为的管理和保护为前提的。轻视了对种子吸收能力和适应能力的培养,给农民带来的就只有辛苦。

现在要想找到“完美的种子”“充实的种子”已经很难,大部分种子本身含有的养分已有偏失,生命力也很脆弱,对自然环境的适应能力当然很弱,只好从一开始就要依赖人的保护。对农民来说,这不是什么好事。

自然农业则从耕地中不那么肥沃的地块上生长的农作物中采集种子。这样的种子产量也许不会太高,但有可能培育出充实和健康的、可在恶劣环境中生存的种子。同时,对那些较弱的种子,则采用处理液处理,为种子注入活力,为其打造能够健康成活的基础。

处理液以农家自己生产的材料为中心，用天然活性物质配制，简便易行。处理液的材料，用的是浓缩在植物体内的大自然的精气制成的天惠绿汁、果实酵素、糙米米醋和天然综合活性微量元素等。把上述材料按比例混合，即可浸泡种子。

用处理液浸种的时间，因农作物的品种不同而各不相同，发芽快的为3～4小时，慢的为7～9小时。从处理液中捞出的种子，放在阴凉处，阴干后即可播种。经过处理液处理过的种子，具有旺盛的生命力。以水稻为例，叶片厚，不得立枯病，种子也无须消毒。

3.构筑发挥作物潜能的基础

还有一个非常重要的问题，那就是要给种子提供能使其充分发挥潜能的环境。可是，迄今为止的化学农业方法，特别注重用氮肥作基肥。要知道，刚刚发芽的种子消耗的是胚乳中贮藏的养分，即消耗胚乳中的蛋白质、碳水化合物和脂肪等，是纯粹的消耗生长。从开始发芽时就人为地让其吸收氮，其生理状态必然会和自然状态产生较大差异，这种做法从根本上歪曲了早期生长。

自然农业为了培养农作物的自生能力，尊重农作物先天的生存方式，尊重农作物的基本权利，播种时不施肥。自然农业的方法是为农作物营造与周期性发育生理相吻合的平衡的营养基础。

四、自然农业的推广情况及瓶颈

赵汉珪先生为促进延边州内外自然农业技术的推广，自1997年开始，不辞辛苦地多次自费到吉林省、山东省的青岛市、黑龙江省、北京讲授自然农业新技术，并在吉林省召开三次国际性自然农业研讨会，使国内很多农业干部和技术员学到了新的环保知识。

赵汉珪先生不仅无偿地、无私地传授技术，而且还曾编写出版了《自然农业》中文版教材、延边朝鲜语版教材（韩国版教材内容用延边朝鲜语翻译出版），各6000份，在中国累计培训农民4400多人次，编发自然农业实用技术资料11000份,发放给当地农民,深受广大农户的欢迎。他还定期把韩国自然农业杂志、日本自然农业杂志邮给延边黎明农民大学和延边自然农业研究所,互相交流经验。

为更好地传授技术,赵汉珪于2001年到延边日报社投资创刊延边自然农业《种子》杂志,协助成立了延边绿色农业协会、延边自然农业研究所。2008年10月至12月,支持北京海淀区政府–中国人民大学产学研基地小毛驴市民农园开展自然农业技术的试点工作,指导建造400平方米发酵床猪圈一座。中国人民大学乡村建设中心–赵汉珪地球村自然农业研究院自然农业试验基地于2010年11月16日在中国人民大学正式揭牌,以进一步推动自然农业在中国民间的发展。

目前,自然农业在中国传播的时间已经近20年,其中养殖环节的发酵床养殖技术传播范围较广,中国南北方均有较多实践者,种植环节的技术实践者有限。目前可供参观的自然农业实践农场包括:浙江宁波天胜农牧发展有限公司、北京小毛驴市民农园、北京八福农场等。

关于适于本土的生态(有机)农业体系搭建①

池田秀夫　彭月丽

一、引言

20世纪以前的中国,农药与化肥并未得到广泛推广,这长达四千年的农业历史就可以被视为生态(有机)农业的历史。古代中国的有机作物种植基于农民长期的耕种观察与经验积累,而这种传承在现代常规农业的普及下渐渐被边缘化。现代农业技术在给人类带来农业“工业化革命”的同时,也导致了很多问题。我们所认知的现代有机农业概念实际上来源于常规农业已无法突破的瓶颈,譬如农药的滥用、转基因作物的出现、土壤的损耗等等。而现代生态(有机)农业其实应该是对古代中国有机作物种植方法的重拾与再发展。而基于中国地大物博,各地气候环境、资源特点、文化背景等的不同,其实符合生态(有机)农业的具体技术应该是因人因地而异的,也就是说我们应该主动地搭建适于本土的生态(有机)农业技术体系,这其实是一场创新的行动。

二、生态(有机)农业基本原则

1.可持续性

农业的本质是人类利用土壤获得产出的一门技术。因此,如果不能把从

① 本文根据池田秀夫2016年11月在北京举行的生态农业工作坊培训内容由彭月丽整理而成。

土地上拿走的东西(主要指有机质和矿物质)复归土地的话,就会导致地力下降,使农业的可持续发展变得不可能。生态(有机)农业首先关注农业的可持续性,我们从土地上获得的产出应该有一定的数量返回到土壤中。

2.尊重生物多样性

生物界是在"适者生存"的法则支配下建立起来的,每一种生物都有它存在的必要性和角色,正是因为丰富的生物多样性以及它们之间相互关系形成的食物链循环,才构成了生态系统的平衡性与稳定性。其中微生物的多样性是这个生态系统生物多样性的基础。当前常规农业中使用大量的农药化肥,对土壤和生态系统的生物多样性打击严重,原本完整的食物链开始断裂,生态系统无法稳定持续下去,农田生态系统开始表现得脆弱,不堪一击,大规模的病虫害开始出现。因此,恢复农田生物多样性是从事有机(生态)农业的重要工作。

三、生态(有机)农业基本法则

1.适者生存

生物中只有那些很好地适应了周围环境的生物才能得以生存,无法适应的终将被淘汰而最终消亡。

作物生长的环境是自然环境与人工环境的总和。根据"适者生存"的自然法则,人为创造的环境对农业产生至关重要的影响。我们可以造就适合"病虫害"等生物生长的环境,也可以创造适合作物和有益生物的生态需求的环境。

2.因果规律

自然界一切现象都是有原因的。因此,当作物生长出现异常或病虫害问题发生时,要仔细观察,多方面综合分析其产生的原因,采取合适的处理方法。我们应经常总结种植过程中利于产出与阻碍产出的原因,探寻其中的规律。

四、学习生态(有机)农业的几种途径

1.向自然法则学习

在有效利用自然力的生态(有机)农业里,一定要学会仔细观察,掌握自然界的法则。

2.向传统技术学习

在现代科技登场之前的几千年里,先人们借助观察和经验确立的传统技术,其原则与自然法则一致。如果能将这一传统技术的原理和现代科技有效地融合在一起,一定能成为推动生态(有机)农业发展的巨大动力。

3.了解生态

要充分有效地利用自然力,首先必须了解作物及病虫害的生态。

(1)作物方面

了解了作物的原产地,就能知晓其基本特性。经过品种改良的作物,要了解其改良前后的特性变化,并结合原产地的特性,用作栽培的基础知识。

(2)病虫害方面

病虫害的生态受“适者生存法则”的支配。它们对环境的适应性决定了它们是否能够生存。环境包括温度、水分、饵和生物相等。只要其中有一条不适应,它们就无法生存。因此,只要创造出病虫害无法生存的环境,它们就自然会被淘汰或被抑制,这样就不会发生病虫害了。

例如,中国传统农业技术中有借助干燥环境防治韭蛆的案例,即通过翻挖韭菜根部的土壤促使表土干燥,或者在根部周围撒草木灰来制造韭蛆难以生存的土壤环境来进行防治。这是通过不提供韭蛆生存所需的水分来进行病虫害防治的自然淘汰法。

五、搭建本土生态(有机)农业的几种能力

从事生态(有机)农业的必要能力可以归纳为以下几点。

1.观察能力

平常(尽可能每天)要密切观察作物的生长状况以及变化。观察力是有效利用自然力的基础之所在。

相比于常规农业,由于不使用农药,有机农业要求每日都对作物生长情况进行观察,遇到病虫害问题及早发现并处理。由于处理不及时,处理的方法有效性会逐渐降低,而处理难度会随之增大。同理,除草工作在有机耕种中也需要尽早进行,避免草根过长难以处理。根据观察与经验,了解各个季节可能会出现的杂草,提前准备。

2.洞察能力

对观察到的结果进行多方面的综合研究,抓住其本质,提高辨识力。

3.应用能力

将借助观察和洞察获得的知识与经验积极地活用于技术开发及研究中去。

4.实践能力

任何事都不要害怕失败,积极地进行实践,积累经验。另外,可以从小规模的试验着手。

六、新技术研究步骤

1.设定主题

2.调查相关项目的技术现状和先行研究

3.设计研究内容

①设定假说。

②根据假说来设计具体步骤。

4.实施

①实施具体步骤。

②如果得到的结果跟假说不一致,要进行多方面综合验证。

③总结验证的结果，再次设定假说。

④重复“假说—验证—总结”这一过程，直至达成研究目的。

⑤研究目的达成后，重复同一内容的试验3次以上，确认其再现性。万一无法确认，重新设定假说继续进行研究。

七、实施要点

1. 土壤改良

土壤改良的基础原则是土壤改良的顺序性，即首先改良土壤物理性，然后是生物性、化学性。如果无视这一规则，就不会产生效果。另外，说到生物性，如果使用有机物改良了土壤的物理性，通常生物性也就自动改善了。

2. 种植

遵守“适地、适期、适作”的原则。即根据作物的生态特性需求，按照适合的土壤、适合的时间种植适合的作物。此亦遵循了“适者生存”的法则。

3. 施肥

对作物施肥，要首先对土壤进行分析，掌握土壤基础养分含量，以此作为施肥的参考。

4. 病虫害对策

(1)培育抗病虫害的健康作物

培育健康的作物主要通过打造适宜作物生长的健康环境着手。一是培育健康的土壤；二是通过栽培管理措施营造田间适宜的风、光、水条件。在这样的环境下培育出的作物外皮细胞壁坚硬，足够抵抗病虫害。而如果田间管理不善，如近些年经常发生田间营养过剩造成作物徒长的情况，病虫害多发，徒长作物外皮的细胞壁较弱，易受病虫害侵害。健康的土壤加上合理的栽培管理，能够培育出抵抗病虫害的健康作物。

(2)增加田间生物多样性

通过间作、轮作等栽培措施增加田间作物多样性；通过在田间引入蜜源植物、保留田间昆虫栖息带等，为生物多样性创造环境。

(3)抑制农田的病虫害密度

作物出现病虫害有其规律。如果只是存在害虫,那么作物不会受伤害。虫害的发现,是在害虫密度超出标准之后。

图4-2表示的是寄生性线虫的密度和虫害发生的关系。一般认为,线虫出现后即便年年增殖,到发生虫害也要5~7年的时间。原本,在自然界中,所有的生物即有害、无害和有益的生物共存,构成了一个平衡的多样的生物相。在这个多样的生物相中,不会有特定的有害生物异常增殖而对作物造成伤害。对此,没有人为作用的自然森林中,植物健康生长几乎不会产生虫害,就是一个很好的佐证。

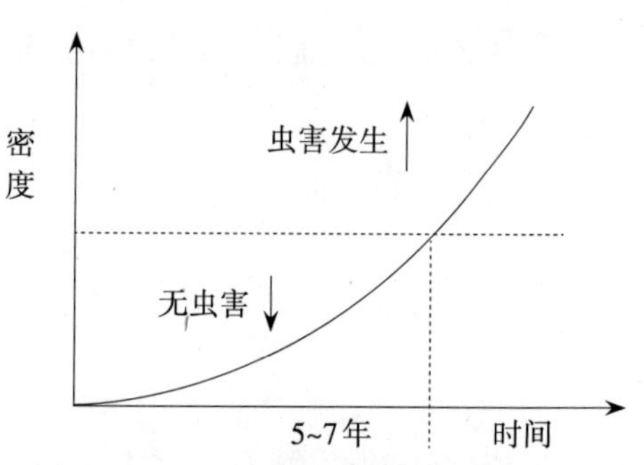

图4-2　寄生性线虫的密度和虫害发生的关系

在常规农业中,本打算使用化学农药来消除病虫害,这从自然规律来看是根本不可能的。近几十年来,尽管开发出了无数新型农药,但是由于耐药性的病虫害的出现等原因,新农业的开发和病虫害的发生之间出现了无止境的循环。化学农药除了会对生态系统和土壤环境造成破坏外,还对人畜健康造成伤害,可谓问题多多。另一方面,有机农业的防治法,虽然不像化学农药那样具有强效性和速效性,但通过使用有机物进行土壤改良,土壤和田间的生物多样性增加,除了恢复安全性和持续性外,还有化学农药所没有的良效。具体如图4-3所示。

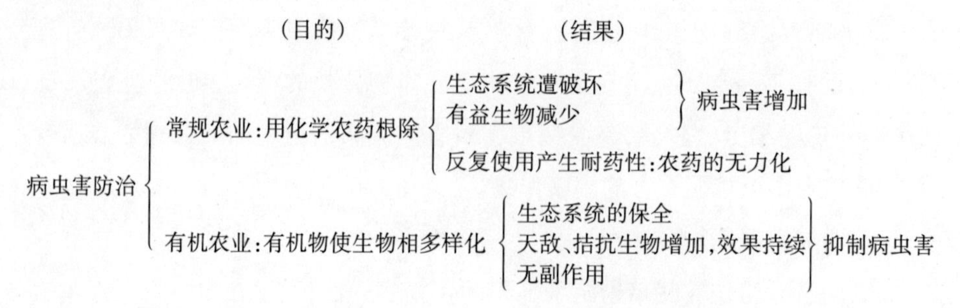

图4-3　常规农业和有机农业病虫害防治方法比较

避免病虫害的最合理的方法就是,效仿自然林,制造出健康的土壤,使生物相变得多样。这样一来,就不会出现害虫异常增殖,超过伤害作物的密度了,从而虫害也就不会发生。

农田控制病虫害的方法如图4-4所示。

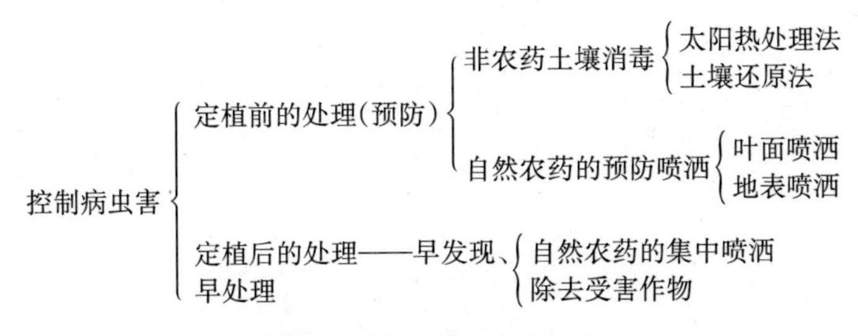

图4-4 控制病虫害的方法

(4)密切观察,早发现、早处理,防止扩散。

有机肥料或自然农药中没有常规农业所使用的化学合成资材那样的速效性。因此,当作物养分不足或病虫害变得显著后再处理就为时已晚,容易造成大的伤害。

另一方面,作物或病虫害的生态因栽培地的气象及其他环境条件等的变化而随时改变。因此,有机农业为了避免出现来不及处理的情况,必须做到作物的生长异常和病虫害的早发现早处理。早发现来源于日常细致的观察,即不放过任何细微的变化的密切观察。

此外,通过密切观察获得的经验和知识不断积累,对作物和病虫害的生态的了解会进一步加深,如此一来,辨别作物的生长状况是否正常以及预见虫害发生的能力也随之增强,就有可能在虫害发生前采取有效的预防措施。这样一来,高质高产的生态(有机)农业便指日可待了。

生态农业的未来是什么?

彭月丽

一、生态农业是什么?

对这个问题,不同的人有不同的答案。通俗地讲,生态农业是人们按照自然的规律,与自然协作进行种植和养殖,以求得最大效益的农业模式。生态农业以土壤改良为基础,重视生态环境保护与资源的高效循环利用,既有传统农业技术的挖掘,也有现代可持续农业技术的应用,使农业和环境向更为可持续的方向发展。

二、生态农业的未来是什么?

远古时代,我们的祖先从大自然中取得食物,整个大自然都是我们的粮仓,人和自然达到完美的平衡与和谐。我们暂且称其为“自然的农业”。然而历史是永远向前的,我们祖先的“自然的农业”状态当然是回不去的,人类在变化,环境在变化,我们要在新的历史条件下去构建新的平衡,也就是人与自然默契配合的境界。

道法自然并与自然节奏融为一体的自然的农业是农法的最高水平,是“天人合一”的境界,这要求人对自然的了解达到通透的层次,并能够掌控自己的行为活动及后果，善巧地利用自然规律，实现与自然的节奏统一，完全作为自然的一部分而存在，从而可以实现以较少的“干预活动”便可以满足人类需求。

自然的农业是“无为”的农业，需要较少人力的投入，就可以实现自我循环。人们向往这种轻松自由的农业状态，而通向这种农法的路是曲折漫长的，试图超越眼前的障碍直接奔向自然农业的人就像那个试图只吃第三个馒头就能饱的人，无疑是痴心妄想。

生态农业或者其他以此为目的的农法都是在通向自然农业的路上的方法、途径。无论我们采用的是哪一种农法，或者学习何种先进的技术，一定是一个漫长而艰辛的过程，没有任何捷径。2017年年初，我们到泰国考察KKF（泰国米之神中心）的自然农法技术，采访了KKF的一位学员，从事自然农法水稻种植20多年，现在是泰国的水稻种植“状元”，他以相当于常规农业30%的成本，生产出160%产量的水稻。他说，他开始接触自然农法的前两年总也做不好，后来他明白了自然农法不是“懒人农法”，还是要学习很多农业知识的，也要自己做堆肥、微生物、生物农药等。慢慢地，他的水稻越来越好，农田需要的投入也越来越少，如今土壤越来越肥沃，农田生态系统也很稳定。现在不用堆肥、不用土著微生物、不用生物农药也不会出问题了。不过他每年还是会制作一些微生物和生物农药，以备因特别气候变化而发生病虫害。

我们很多初入农业的人想去寻找捷径，去学习很多农法，或者请很多专家指导，期待有人妙手一指，告诉自己一个简单的方法，可以让自己跳过这个漫长的过程，而直接达到“无为”的境界。那只能是找错了方向，试想，一个不了解本地环境的人怎么可能指出最适合你的技术？即使指出了也需要你一步步去做，这是自然的规律，否则只能是自欺欺人，或者不断重复，而没有长进。因为任何技术或者理论都是指向目标的手指，大自然的规律相同，但现实中条件是不同且多变的，只有做到了知行合一，认清当下的环境与条件，才能制定与之相适应的对策，从而做到善用自然规律，化逆境为力量。

三、生态农业必须从学习面对当下的问题开始

生态农业必须先从学习面对当下的问题开始,不断从复杂多变的现象中认识自然规律,调整我们的活动使之更加符合自然规律,实现与自然的互动。比如,接手一块土地,我们要先了解这块土地土壤的情况,包括土壤的物理、化学、生物性质;再了解这一块土地上的作物种类,这些作物在本地的生长规律和需求是怎样的?哪些在本地生长表现良好?哪些是我们生活需要的?如果我们确定种植一种作物,它的原产地气候环境如何?它需要什么样的环境特点?本地的土壤和气候完全适合它吗?我们要做哪些努力来帮助作物生长?

随着我们日常的观察和实践的深入,我们便能更清楚本地的规律与条件,我们就会知道做怎样的安排是最好的搭配。久而久之,便能实现很好地与自然互动,形成稳定的生态循环系统,也就达到了"天人合一"的"无为"境界了。

拿土壤改良来讲,当土壤板结、营养不平衡时,我们要更加准确地了解土壤现状,做仔细的自然观察甚至借助仪器去测试我们的土壤。然后要费力做堆肥和多样化的生产资料去改良,还要翻耕,等到有一天土层深厚,疏松透气,生物多样性丰富而平衡,我们的耕作方式使得土壤地力得到了自然维持。这时候我们就不用翻地了("免耕"),也不用做堆肥了,也就达到"无为"的境界了。

所以,自然的农法不仅是学出来的,更是做出来的。

四、生态农业带我们找回内在力量

以化肥、农药为代表的农资涌进中国,是农人渐渐失去农业主动权的开始。我们不再用自己身边熟悉的有机物制作堆肥培肥土壤,而是购买化肥撒进土壤,面对作物的各种病虫草害,再去购买对应的农药喷洒。以前的农人的生活与土地是分不开的,现在的农人可能只有种植、收获、打药的时间会去田里,其他时间到城里打工去了。自此,我们不再了解我们的土壤需要什么,我

们植物的健康状况如何，我们不知道我们想要的目标作物与其他生物的关系，遇到问题我们只能去找卖化学农资的技术员。我们无从知道那些白色的刺激性的颗粒是什么，无从知道那些刺激性的瓶瓶罐罐里到底装着什么，这些到底会对我们的健康带来什么影响，对我们的土地又会带来什么影响。这时，我们与土地、自然的沟通被彻底切断了，农人不再是一位独立的“农人”，而成了“一种想法/机制”的工具，变得迷茫而没有力量。

而生态农业是带我们找回内在力量的道路。生态农业拒绝使用化肥，我们把土地上产出的有机物通过堆肥或者有机物覆盖等形式再循环回土地，我们主动地用身边熟悉的有机物资材去培肥土壤，我们知道不保护土壤的耕作无异于“杀鸡取卵”。我们不用农药去杀虫或者杀草，而是冷静地重新观察、认识各种昆虫、微生物、草与我们作物之间的关系，重新认识自然，善用自然的力量或者化逆境为力量，实现人与自然协作的农耕模式。这样，我们对我们的农业便拥有主动权，我们知道我们的行为的意义和价值，这时候的我们是拥有力量的。而在了解自然、与自然互动中我们会产生对自然界中一切生物的慈悲心与尊敬感，我们知道我们是同一个世界的伙伴，我们可以和谐共生，我们需要彼此。

五、生态农业究竟是什么？

有一个真实的故事。我们有一个返乡青年，怀着满腔的热情返乡务农，也非常努力，非常热心地学习各类农业技术。听到一种做法就会很快去做，然后感觉没有看到效果，就再换一个。后来学习的技术或农法太多了，有点儿无所适从了，农场土壤还是很差，还有基本的问题没有解决，人也忙得焦头烂额。故事的后半段是，经过几年碰壁，他慢慢地沉下来，开始埋头做堆肥、改良土壤。我们再去农场的时候，发现农场主变了，他眼睛里透着平和与自信，农场整理得井井有条，土壤肥沃，蔬菜长势很健壮。

其实各类农法都是指向我们的最终目标“自然的农业”的手指，路径不同而已。无论哪一种农法认真践行,都可以带领我们走向正确的道路。比如活力农耕中用绿肥改良土壤、自然农法中用有机物覆盖、生态农业中用堆肥等,这些都是改良土壤不同的手段,其实质就是增加土壤有机质,恢复土壤地力,用哪一种都可以,我们根据自己的情况、喜好或者因缘选择一种农法就好,无谓的争论与纠结徒耗能量。因此,停止比较或评判,选择一条适合自己的道路勇敢地走下去,不要怀疑,只是去实践、观察、修正吧!

前面的例子中我们提到那位青年,因为最终确定了自己的农法路径,不但土壤、农业变得好起来,人也变得平和、喜悦了。这样的例子举不胜举。各位生态农业的实践者们谈起生态农业给自己和家人带来的变化,都满怀欣喜。我们说,生态农业的目标是"无为"的自然的农业。其实,从另一个侧面看,生态农业的实质是引导人自我完善,达到明心见性的境界,自性就是自然。我们在农业中实现与自然的合一,也就获得了圆满的自由、喜悦的状态。

离苦得乐一直是我们人类共同的追求,我们把这个追求的过程称为修行。关于修行,以前我以为是一件特别高深的学问,心向往之,不断学习各类农法,却没有多少长进。后来终于明白,原来修行就是回到当下,面对问题,不断地修正我们的行为,更符合自然规律或者我们的自性。而当我们的行为与自然合一的时候,也就无所谓烦恼了,只有纯净的喜悦。于我而言,生态农业就是最好的修行!

我想不仅农业,其实世界上所有正业都是一个带领我们回到自性的路,没有任何一种职业不需要漫长的学习和坚持,或者不需要经过痛苦就能获得快乐。

弱水三千,一瓢足矣!

本章好书推荐

1.《生物动力农场——全面发展的有机体》

作者:[德]卡尔·恩斯特·奥斯陶斯著;丁维,李慧敏译

出版社:湖北科学技术出版社

本书详细介绍了生物动力农场的构建方案和耕作方法,如农场动物的养殖、土地的使用和管理、堆肥的准备以及生物动力制剂的制作。作者在这本具有实用性的书中,倡导"整体化"的农业生产方式,将农场看作有生命力的有机体,并将此视作生物动力农业的核心。

2.《自然农业》

作者:赵汉珪著,权治敏编译

出版社:延边大学出版社

《自然农业》一书,是韩国自然农业研究所赵汉珪所长的著作,是赵先生历经四十多年研究实践的结晶,是自然农业爱好者的操作手册。《自然农业》书中的理念是尊重植物和动物的基本权利,顺应自然规律,最大限度地利用自然的能力。书中详细介绍了自然农业中如何综合利用我们周围的自然资源,制造发酵剂和各种生物营养剂,其中包括五种核心秘方、三种辅助材料及各种矿物质微量元素制作流程与示范。在养殖业方面,详细介绍了相关设施的搭建要点与参数、自然养殖的原则与管理理念方法。

中医与有机农业

找回有机农业的哲学原点

郝冠辉

上一章以“农法江湖”为主题，介绍了目前国内流行的各种农法，也带出了各农法之间的江湖纷争。

其实所谓自然农法，无非就是按照大自然的规律去从事农业，各个农业流派的创始人都是基于他们对大自然的观察以及对自然规律的理解，根据自己实践的环境开发出不同的操作方法。

大自然的规律就是“道”，这些不同环境所发展出的实践方法就是“术”。然千举万变，其道一也。在“道”的层面上所有的农法其实是一致的。所以说福冈正信遇见比尔·墨立森会开怀大笑，我相信各个农法的创始人凑在一起一定会觉得因为相互之间的理解而倍感欣慰。

然而后世的实践者的依据往往不再是“道”本身，而是基于这些创始人所讲出来的“术”，在“术”的层次大家就有了很多的冲突。而且如果大家自身不能够从“道”的源头获取智慧，简单照搬这些“术”的话，就会慢慢趋于僵化。

“道”的源头是什么，就是自然本身，大自然是第一老师。问渠哪得清如许？为有源头活水来。我们只有回到“道”的源头，才能够真正理解各个农法创始人所揭示的自然规律，才能够真正做到活学活用。

池田秀夫讲人人都有搭建本土生态(有机)农业体系的能力，这个能力就是基于我们的观察力、洞察力、应用力和实践能力。

十几年前开始参加各种农法的培训学习，我一直有一个设想，就是把这些理论用基于中国文化的哲学体系来本土化地传达。

虽然一直觉得中医的哲学基础和生态有机农业的哲学基础非常一致,十几年来从来没有间断对中医和有机农业方面的学习,但是一直都没有找到突破口。直到2017年初,我放下所有的工作来到辽西的泽正田园,亲自进行农业实践,在劳动中去观察自然,终于有了些许的领悟。

我们都知道中医最重要的理论基础就是“阴”和“阳”,看似简单,却变化无穷。就像所有计算机程序的代码就是0和1,我们只要掌握了这0和1,就可以开发出千变万化的程序。同样,我们如果理解了“阴”和“阳”,也就可以去理解这些千变万化的农业体系。

大自然的智慧是如大海一般广大的,其实我当时尝到的也只是其中的一瓢,但是这已足够让我激动不已,带着这种狂喜,我写下了中医和有机农业的十篇文章。其实,回过头来看,不足为道也。

2017年11月份,我回到广州和月丽一起筹备第四期返乡青年交流会,有涉及搭建本土有机(生态)农业体系这个话题,月丽提出希望把这十篇文章汇编起来,给大家参考。我其实对这些陋作深感惭愧,但是如果能够抛砖引玉,启发大家思考,也算是有些许的价值。

(一)从木醋液看阴阳

很久很久以前,天和地还没有分开,宇宙混沌一片。有个叫盘古的巨人,在这混沌之中,一直睡了一万八千年。有一天,盘古突然醒了。他见周围一片漆黑,就抡起大斧头,朝眼前的黑暗猛劈过去。只听一声巨响,混沌一片的东西渐渐分开了。轻而清的东西,缓缓上升,变成了天;重而浊的东西,慢慢下降,变成了地。

——中国民间神话传说

2017年6月,因为工作的关系,我们来到山东的一个木醋液工厂参观。虽然之前已经了解过木醋液的生产过程:锯末在厌氧条件下,通过外来的热量来加热蒸馏出气体,在一定温度下冷凝,形成木醋液。

但是当厂家拿出这几瓶东西摆在我面前时,我还是一下子惊呆了。

图5-1　木醋液相关产品

图5-1所示是锯末通过生物质热解得到的产品,从蒸馏塔由上到下出来的产品分别是图中右侧三种不同级别的木醋液,左侧第二个是木焦油,左侧第一个是木炭。

也许是长期学习中医的缘故,看到这个场景,我马上联想到了中医的阴阳学说。

从生产过程来看:木醋液是上层的气体所形成的,为阳;木炭为最下层的固体,为阴。

从颜色来看:木醋液是浅色,为阳;木炭是深色,为阴。

从气味来看:木醋液气味浓郁,扩散性强,为阳;木炭几乎没有什么气味,反倒对气味有吸附作用,为阴。

从用途来看:木醋液具备激活土壤养分提升EC值(电导率,一般用来表征土壤可溶性养分离子浓度大小),促进微生物繁殖等作用,为阳;木炭具有吸附营养物质,防止营养物质流失等作用,为阴。

多么神奇,木头本来是各种元素在里面呈混沌状态分布的中性物质,但是通过外来热量的转化,分离出了阴阳不同的物质。这个外来的热量,就如盘古开天地的一斧,将混沌分开,轻而清的东西,缓缓上升,重而浊的东西,慢慢下降。天地分开,阴阳而成。

在去厂家参观之前,我查阅了不少资料,其中一份研究资料讲道:木醋液的成分非常复杂(有两百多种物质),很难说它的功效是哪种成分在起作用,因为把里面的每一种物质单独拿出来,都不能达到木醋液整体使用的效果,这种性质类似于中药,建议从中医的角度来研究木醋液。

当了解到木醋液为“木中之阳”这个属性时,我一下子豁然开朗,从中医的角度一下子理解了木醋液的这些用途。

简单来讲,木醋液为木中之阳,也就是可以补植物的阳气。阳气是什么?其实就是生命力或者说是活力。

具体来讲,当把木醋液稀释作为叶面微肥喷施时,可以促进叶面微生物的繁殖,提高叶面微生物的活跃程度,从而达到抑制有害菌、防治作物病害,提高作物生长速度、增加果实重量、增加作物产量等作用。

当木醋液稀释灌根时，可以激活土壤中被固化的养分，显著提高土壤有效养分含量，促进作物生长。另外，木醋液高浓度叶面喷施时可以起到杀菌的效果，高浓度灌根时可以起到调节土壤pH值的作用等。

在泽正田园的果园，因为土壤偏碱性（pH=8.3），很多微量元素不能够被植物吸收，导致苹果树和梨树树势弱，腐烂病严重，所以，我们广泛使用木醋液作为改良土壤，增强树势的资材。目前观察到如下作用：

pH值2.7的木醋液，可以将100倍重量的土壤pH值从8.3降低到6.8，也就是说给一棵树施用1公斤的木醋液，可以将土壤表层100公斤的土壤，调节至中性。

用木醋液原液涂抹树干腐烂部位，可以有效控制腐烂病。用稀释一倍的木醋液涂抹树干，可以有效防止腐烂病感染，对于苹果轮纹病也起到很好的治疗作用。

用200倍左右的木醋液，定期对叶面喷施（大约10天到半个月一次），目前果园没有暴发需要人为控制的病虫害。树势也得到了显著的改善。

不过既然了解到木醋液是“阳”，我们就应该知道，在使用的同时，一定要注意补“阴”，也就是说要注意补充营养物质。不可认为施用木醋液后显著提高了土壤肥力，其实木醋液只是激活了土壤中原有的“阴性物质”，如果误把木醋液替代肥料长期施用，恐怕很快土壤中的养分就会被消耗殆尽。

(二)土壤生态系统的阴和阳

从木醋液的例子我们理解的关于农业的阴阳理论,其实可以解释很多农业中的规律。这一次我们谈一下土壤生态系统里面的阴和阳。

中医的阴阳理论其实非常复杂,但是通常有一个重要的指导原则就是越是有形的部分越属于阴,越是无形的部分越属于阳。按照这个原则,我们可以说土壤微生物是土壤生态系统的"阳",而各种矿质营养元素为"阴"的部分。

虽然我们看不见,但是每克土壤里面有几亿的土壤微生物。整个西方的哲学体系,是偏重物质主义的,正如西医理论源自对人肉体部分的研究,西方化学农业也源自对土壤营养物质的研究,最著名的就是李比希的"矿质营养学说",认为土壤中的N、P、K等营养物质对植物生长是起决定作用的,化肥就是在这种理论的指导下开始生产的。

学习中医我们就知道,对人的生命起重要作用的并不是肉体这个物质层次的东西,而是经络、能量、精神等这些看不见的部分。同样对土壤生态学的研究也发现,土壤微生物才是土壤活力的最重要因素。而土壤有机质是土壤微生物存在的物质基础。土壤有机质和土壤微生物,恰恰是在化学农业中被忽略的部分。

按照这个原则:我们可以把激活土壤微生物的材料,如木醋液、生物动力农业中的BD500等看作阳中之阳,而EM菌、酵素、土著微生物等补充土壤微生物的材料看作阳中之阴。含N、P、K等营养元素高的速效型肥料可以看作阴中之阴,使用过量时会杀死土壤中的微生物。而含碳的有机物,因为是微生物生长的基础,所以是阴中之阳,本质上讲这些含碳的有机物,是植物光合作用固定的太阳能，所以其实是属于能量的部分。

之前我们对木醋液已经有了解，木醋液并不直接补充土壤微生物，而是提高微生物的活性，促进微生物的繁殖。值得一提的是生物动力农业里面的BD500，将牛粪装入牛角，埋入地下，吸收宇宙能量，然后使用的时候只需要很小的剂量就可以激活土壤微生物。这可以看作针对土地的能量疗法，所以生物动力农业也被称作生命能量农业。

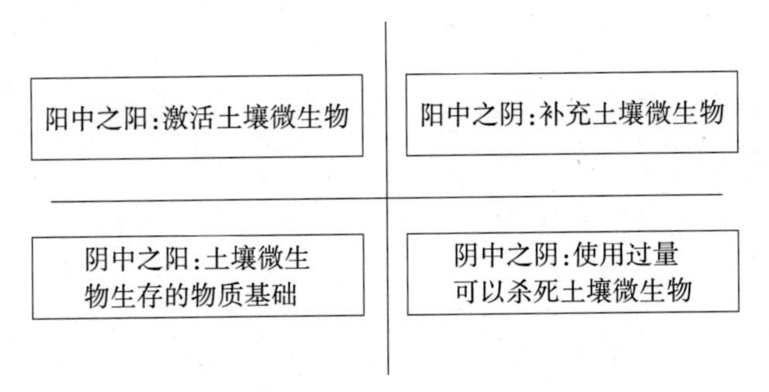

图5-2　土壤中的阴和阳

这里面其实有一个非常有意思的问题，就是剂量问题，通常我们认为药物的剂量是越多越好的，实际上并非如此。比如BD500在使用的时候，稀释到甚至可能很难检测的浓度。它只是用很小的剂量，加到水里面，然后不停地顺时针搅拌。这种做法，头脑已经严重物质化的现代人其实很难理解。十年前，当我第一次接触的时候也觉得不可理解。经过十年的训练，对能量开始有所感知的时候，才慢慢开始理解。

木醋液也是一样，不同剂量的木醋液用途其实是不一样的。当木醋液稀释到1000倍的时候，我们用的真正是它的能量层次的东西，用这个能量来激活植物的能量，促进微生物的繁殖等等。当木醋液稀释到200~300倍的时候，用的能量仍然是阳性的能量，但是是阳中之阴了，用这个能量来平衡土壤中的阴性能量（土壤中氮过多时，植物会徒长）。当大约100倍的时候，其实用的才真正是木醋液里面的物质的东西，用来杀菌。1000倍的剂量是非常小的，一个40斤的喷雾器，只用20 mL，一般人很难认为有什么真正的作用，但是不妨做个对比试验试试看。

这些不同物质之间的关系是怎么样的呢?

中医认为阴阳之间的关系有对立制约、相互转化、相互依存、消长平衡的关系。

我们可以用这几种关系来理解以上四类物质的关系。

1.对立制约:比如当大量使用含高纯度氮磷钾的化肥的时候,会影响土壤微生物的生存,但是如果土壤中的有机质含量比较高,就可以制约化肥对土壤的破坏。

2.相互转化:土壤营养物质是微生物繁殖的基础,微生物死亡后自身也会被分解为营养物质。

3.相互依存:土壤微生物依赖土壤有机质来繁殖,而有机质需要微生物才能够完成自身的分解和转化。

4.消长平衡:在堆肥过程中,有机物分解时,伴随着微生物的大量繁殖,随着有机物的分解完毕,微生物的数量会逐渐下降,达到一种平衡,翻堆之后,又会开始增加。

(三)农业投入品中的阴阳平衡

阴胜则阳病,阳胜则阴病。阳胜则热,阴胜则寒。

——《黄帝内经》

上一篇文章我们分析了土壤生态系统和农业投入品里面的阴阳,但是请注意并不是说“阴”不好,中医一直强调的是阴阳平衡。这种阴阳平衡也是一个健康的有机农场的基础。

但是从目前的情况来看,大多数的有机农场存在阴阳失衡的问题。这里面有两种极端的情况。

第一种其实仍然是化学农业的思路,大量投入含有高营养元素的饼肥、鸡粪、猪粪、沼液等速效型有机肥,而不注重有机质的补充。这些肥料虽然也属于有机肥,但是因为其速效养分元素含量太高,所以仍然属于“阴中之阴”。特别值得一提的是沼液,在沼气池发酵过程中,其中的碳物质都变成了沼气(阳化气),所以剩余在沼液里面的往往是高浓度的氮素(阴),如果过量使用沼液而不注意同时补充土壤中的碳物质,对土壤微生物的破坏性是非常大的。比如银林生态农场,在开始种植有机蔬菜的前几年一直以沼液作为主要的肥料,我每一次去参观都发现土壤特别差,而且病虫害也比较严重。直到几年前开始使用中药渣做的堆肥才开始有所改善。

第二种是极端的某种农法崇拜者,反其道而行,大量使用的是阳性投入品,比如某些酵素农业的倡导者,往往会讲只使用酵素(环保酵素里面的矿质营养物质并不多,偏向于“阳性”的微生物和含碳的可溶速效有机物成分)就可以取得很好的产量。殊不知,在开始使用酵素的第一年,作物取得的营养往往来自被酵素中微生物激活的之前使用的化肥。酵素自身含有的矿质营养元素并不多,这样子到了第二年、第三年产量就堪忧了。再比如在生物动力农业里面把BD500启动剂作为改良土壤的“法宝”。BD500的确是很好的腐殖质转化的启动剂,但是腐殖质转化的基础是土壤中的有机物,如果土壤中没有有机物,腐殖质是不会凭空变出来的。

通常我们认为碳氮比合适的完熟堆肥,作物是直接可以在上面生长的,也就是说这种堆肥无论使用多少都不会对作物造成伤害,是可以大量使用的。

堆肥就类似于我们每天吃的米饭、馒头等食物,它们在阴阳属性里面是相对中性的。只有这些性质比较平和的食物才是每天都可以吃的。

怎样判断阴阳失衡呢?

如果我们的肥料比较容易发臭,就说明“阴”太多,没有足够的“阳”来支撑它。以饼肥为例,单独加水发酵的时候常常会发出恶臭,但是如果加入红糖补充碳源,则可以发酵出酸酸甜甜味道的液态肥。这时为什么不加入木屑类作为碳源呢?因为木屑里面的碳不溶于水,所以起不到作用。但是饼肥和木屑混合采用堆肥发酵的方式,是可以有效防止饼肥发臭的。

而当我们使用的肥料阴阳比较平衡的时候,种植出来的植物也会有比较好的能量状态,比如用碳氮比合适的堆肥种植出的蔬菜比较不容易腐烂,比使用过量的氮肥种植出的蔬菜更加耐放,味道也更好。例如银林生态农场的蔬菜,在使用中药渣做的堆肥之后,明显比之前只使用沼液的,要更耐储运,也更好吃。

反过来讲,可以以腐烂的速度评价食物能量的高低(添加防腐剂的除外),比如我们曾经做过小金生态苹果的试验,即便放置很久,苹果只是缩水,而不会腐烂,而普通的苹果则很快发霉腐烂。日本有名的木村阿叔的自然农法苹果也是以久放不腐而著称的。

明白了这些道理,我们就可以掌握农场土壤改良的基本原则:

(1)使用速效有机肥、或者化肥过多的土壤:补充含碳高的有机质,同时使用木醋液、者BD500或者土著微生物等来激活或者补充土壤的微生物。

（2）秸秆还田，造成土壤短时间碳物质过多的土壤：补充生态鸡粪、饼肥等含氮高的有机质，同时使用木醋液、BD500或者土著微生物等来激活或者补充土壤的微生物。

（3）长期只使用酵素的土壤：同时补充含碳的有机质类和含氮高的速效有机肥，或者直接使用营养均衡的堆肥。

(四)病虫害的本质

换个角度,重新定义“虫害”,把虫害的存在,当成是植物衰弱,养分失调的提醒。这样,我们才可能从错误和不幸中解放……

——《新世纪农耕》

鲍伯·肯那德在《新世纪农耕》里的这段话,我十几年前第一次看到,到现在一直都记忆犹新,印象深刻,十几年来不断地在思索这句话的含义。

其实这是一句非常接近中医辩证思维的话,在中医看来,很多西医所认为的“病”其实只是“症”而已,“症”包含“症状”和“证据”的意思。

以受寒引起的发烧为例,西医是看不得发烧的,只要一看到发烧就想着用退烧药或退烧针,甚至医院有规定,体温高于38摄氏度不得出院。而在中医看来,这个发烧通常只是因为人体受到寒邪入侵之后,人体的阳气到体表和寒气进行对抗的一种标志,所以问题不在于发烧本身,只要协助人体的阳气,打败这个寒邪,发烧自然会降下来。所以中医常常是用姜汤、桂枝汤这样的方式来帮助人体对付寒邪。但是西医则是急于消除症状,用退烧药和抗生素来治疗发烧(此处指风寒引起的发烧)。

反观我们的化学农业,同样也是在做和西医一样的事情,就是消灭症状:看见虫子就赶紧打杀虫剂,看见病害就赶紧用杀菌剂,更严重的时候甚至不分害虫益虫,看见虫子就害怕,很少有人去想:产生病虫害的因到底是什么?我们的植物到底出了什么问题?

以我有限的经验来举几个例子,欢迎大家指正。

以蚜虫为例：我的观察，蚜虫往往比较喜欢营养过盛、比较嫩的叶片，所以蚜虫的出现其实是因为土壤的碳氮比失调，导致植物吸收的氮过多，叶片营养过盛。这种营养过盛，从中医的角度来看是一种阳虚，就像现在很多孩子营养过多、运动过少造成的虚胖。

当叶片的营养均衡时，蚜虫是得不到什么可以吸收的营养的。但是当营养过盛时，叶片中就有可以被蚜虫所利用的营养。大自然是不允许不平衡的事物存在的，所以蚜虫是来平衡这种过盛的。

就好像我在发酵液态肥时所观察到的，我们用的液态肥池和旱厕的粪池只有20厘米的距离，旱厕粪池里蝇蛆遍布，但是液态肥池里面一个也没有。按道理来说，液态肥发酵用的奶粉、豆饼、红糖都是苍蝇所喜欢的，但是池里为什么没有蝇蛆呢？因为苍蝇繁殖所需要的营养，都已经被发酵的微生物分解掉了，变成了可供植物吸收的营养。换句话说粪池里有蝇蛆是因为这里有过盛的营养可以被苍蝇所利用。

同样的道理，蚜虫也是如此，所以如何来防治蚜虫呢？最好的方法就是注意土壤碳氮比的平衡。另外，我们试过用200倍的木醋液喷洒有蚜虫的叶片，第二天蚜虫不见了。我们知道木醋液是一种"阳性"物质，所以我猜想也许只是它补充了这些叶片的"阳气"，让多余的养分转化掉了，所以蚜虫离开了。

再拿苹果腐烂病为例，其实腐烂只是大自然的一种现象而已，什么样的木头会腐烂？正常情况下，正在生长的树木是不会腐烂的，通常是死去的树木，砍下来的枝条才会腐烂对吧。所以，腐烂其实只是大自然清理植物残体的一种分解现象。再往深一步讲，为什么长在树木上的枝条不会腐烂，为什么我们人身上的肉不会腐烂，割下来之后就会腐烂呢？因为有"阳气"在支持着这个阴。当树木死亡，"阳气"不在，这个木头就是一个"阴性"的物质，而微生物在大自然中扮演的是"阳"的角色，可见还是那句话：大自然是不允许不平衡的事物存在的。

那么为什么在活体的苹果树上面会发生腐烂现象呢？很显然是因为树势衰弱，树木的阳气不足。当阳气不足，或者没有阳气时，微生物认为这个地方已经要死掉了，所以要去分解它，这就形成了我们所说的腐烂病。而且腐烂病高发于阴雨天，因为这个时候没有太阳，整个大自然的"阳"是不足的。所以，治疗这个所谓的"腐烂病",重要的是补足这个树的阳气。常规的腐烂病治疗,是刮去发病部位的树皮,然后涂抹杀菌剂,但是这种治疗方法仍然只是治标不治本,而且树木在刮去树皮后,树势只会更加衰弱,导致腐烂病发病更加厉害。造成越刮越腐烂,越腐烂越刮的恶性循环。

我们尝试过用纯的木醋液来刷树木的腐烂部位,某种程度上可以把腐烂病固化在这个区域,停止发展,但是遇上下雨,木醋液被冲刷掉之后,腐烂病很容易再次发作。所以最根本的解决方案,还是解决土壤养分平衡的问题。

再拿金龟子为例,金龟子幼虫俗称"地老虎",是一种地下害虫,但是这种地下害虫产生的根本原因是我们往地下施用的有机肥没有腐熟,所谓的地下害虫,只不过是为了帮助我们分解这些没有腐熟的有机质而已。金龟子的成虫,也会危害果树。但是我们发现一个惊人的现象就是,一个果园里面几乎所有的金龟子,都只是集中在几棵比较衰弱的树上,在健康的果树上几乎没有金龟子的踪迹。

所以,所谓的"害虫"只是在做大自然交给它们的应该完成的使命而已。

另外,我们也发现病害多发于连续的阴雨天气,这种天气,没有太阳,所以大自然的"阳气"不足,作物容易徒长,造成营养过盛的"阴性体质"。这种情况可喷施木醋液,提升作物阳气,或者使用生物动力启动剂BD501,来增加植物的光合作用。直接喷施自然农业里面的汉方营养剂,或者使用爱媛菌、EM菌等有益微生物或者微生物发酵液[①]这些阳性的物质,对防治阴雨天气造成的作物病害,也是有帮助的。

一句话总结,当生活方式不符合自然规律的时候人会生病,当我们的种植方式不符合自然规律的时候植物会生病。或者说病虫害只是当我们的行为不符合自然规律时,大自然的一种自我调整模式而已,只是这种调整不一定是我们想要的。当我们遇见问题的时候,不要着急去消灭症状,而是要去想一想,在这生病的背后,大自然是怎么运作的。这样,我们就会明白大自然在告诉我们什么。

① 阴雨天气直接喷洒微生物发酵液,其中一个原因是微生物发酵液含有丰富可溶性有机物成分,这些有机物成分和植物通过光合作用合成的有机物本质是相同的,所以从一定程度上补充了阳光不足而造成的植物营养衰弱。

(五)杂草,大自然不允许浪费

夏至已至,雨水渐多,果园里面的草开始疯长,到了每天要和草做斗争的时候了。

我们常常会把病虫害和草害并列,如果用一句话总结病虫害就是:大自然不允许失衡。那么用一句话总结杂草就是:大自然不允许浪费。

一、有光和水的地方就会有生命

从自然大循环的角度来看,阳光是阳,水是阴,只要有阴阳就能化育生命,在海洋为海洋生物,在大地为森林、草原。在热带地区,阴阳都多,所以可以化育出热带雨林这种复杂的生态系统,在寒带阴阳都少的地方就只能化育出草原这种简单的生态系统。沙漠只有阳没有阴,所以生命很难存在。南北极的冰原,阴多阳少,生命也难以存在。

二、原始森林和草原是大自然的最终表达形式

大自然无比精确,一个地方的阴阳条件能够演化出什么生态系统,大自然就会不停地朝这个方向去努力,看看一个地方的原始生态系统,例如森林和草原,我们就会知道大自然希望这个地方变成什么样子。

三、草是大自然演替的一个阶段

虽然大自然完全知道它想要最终表达的形式是什么,但是自然是无比有耐心的,森林的土壤是长期演化的结果。一块贫瘠的土地,要变成森林,需经过以下的演化阶段:低等铺地类杂草和矮秆杂草(先锋物种)—高秆杂草—矮灌木—高灌木—乔木。

当我们在一块贫瘠的土地上,希望种植一片果园的时候,大自然可不这么想,果树大多属于乔木,是高级物种,大自然看到的是:这片土地应该长草。于是它不停地长草,我们希望长树,所以不停地除草。

四、大自然无比精确,无比丰富

大自然是无比精确的,一块土地按照自然规律应该长什么,它从不失手。在果园里面我们观察到,果树坑里施肥比较多,那么大自然就会安排它长高秆的杂草,果树坑外肥比较少,大自然就安排它长铺地类和矮秆的先锋物种。从除草的角度看,真是土壤越肥沃越好,高秆杂草用镰刀很快就可以砍完,铺地类杂草要用锄头锄半天。

五、所有的先锋物种都扮演着“矿工”的角色

但是从大自然的角度来看,这些让我们头疼的劣等杂草,其实都扮演着“矿工”的角色。比如在泽正田园新开的苹果园里,有一种叫作赖草的杂草,生命力非常顽强,根扎得非常深,而且只要有一点点根就能够萌发,几乎难以除尽。从除草的角度来看,这是非常让人讨厌的,但是感觉上这种草的硅含量是非常高的。硅是一种“坚强”的元素,研究认为硅元素能够提高植物的抗病、抗虫、抗旱等抗逆性,也许正是含硅量高才让这种草拥有这么顽强的生命力。换个角度来看,这种草的使命也许就是把土壤母岩中的硅元素带到地面。以便使后续的植物,具备良好的抗逆性。

另外根据我的观察，这些先锋物种大部分都具备药用价值，如车前草、苦苣菜、蒲公英、蒺藜等都可以入药，用嘴品尝一下，它们的味道都非常强烈，这种强烈的味道也许就是它们体内某些矿物质偏盛的证明。

所以先锋物种的角色，也许就是把土壤母岩的矿物质活化并且带到地表，变成能够被后来的植物所利用的资源。

六、大自然不允许浪费

换个角度看，杂草之所以存在，是因为这片土地存在没有被利用的光、热、水、气、肥，大自然是不允许浪费的。它让草努力生长，让这块土地变肥沃，才好进入更高的演替阶段。所以与其反抗不如接受大自然的美意，要么把这些草砍倒作为覆盖物和肥料，要么放食草动物进来，例如稻田养鸭、果园养鹅。要么干脆我们主动一点儿，种上绿肥，把这些多余的光、热、水、气、肥利用储存起来，然后作为树的肥料。如果不顺应这个规律，不停地把草割下来扔掉，甚至打除草剂消灭杂草，浪费大自然的美意，那么这块土地就总是处在演替的初级阶段，不停地长劣等杂草。

七、用除草剂对抗自然的结果，必定是出现超级杂草

本质上来讲，除草剂对抗的不是杂草，而是大自然的力量，只要有光和水，大自然一定要孕育生命。本质上人类作为大自然的造物，是不可能改变自然的法则的，所以用除草剂对抗自然的结果，必定是出现抗除草剂的超级杂草。

八、森林生态农业是顺应自然演替规律的农业形式

把森林砍掉，种上成片玉米、小麦、水稻等作物，某种意义上就是与大自然对抗，把生态系统形式维持在演替的初级阶段。与其如此，何不顺应大自然的规律，发展符合人类需要的食物森林？2016年我去泰国的Wanakaset参观，那

里看上去就像一片热带雨林,但是这其实是经过36年经营发展出来的食物森林,据说里面有上千种作物。

本书前面介绍的森林生态农业,由两个人管理有上百种作物的森林生态农场,也是这个意思,既然顺应了大自然的规律,人为的管理,当然可以减少。

(六)病虫害的本质:植物的三焦

之前我们提到,几乎所有我们认为的病虫害,其实不是“病”而是“症”,是植物营养失衡的“证据”。通常我们能够看到的“病虫害”是在地上,而实际上很多时候却是地下部分出了问题。这类似于人体的三焦[①],通常上焦的问题,往往根本原因是在下焦。例如肺部的咳嗽,可能是中焦的问题,可能是“土不生金”造成的上焦气虚,也有可能是下焦的问题,由“肾不纳气”所导致。

那么以人的三焦来对应植物的话,应该是什么样子的呢?

如果以人体的三焦系统来对应植物的话:植物的地上部分为上焦,包括叶片和树干,负责光合、呼吸、传导等功能,类似于人体上焦的心肺系统。

植物生长的表土和表层根系为中焦,负责营养物质的消化、吸收和分配,相当于人体中焦的脾胃系统。

植物的深层根系和深层土壤为下焦,负责矿物质和水的吸收,相当于人体下焦的肾脏、膀胱和大小肠。

中医讲下焦元气,中焦胃气,上焦清气。下焦和中焦的重要性是更大的,比如感冒,是上焦卫气受损。但是如果一个人的下焦和中焦能量比较足的话,感冒是可以自愈的。拿植物来讲,一棵果树,有时候地上部分死掉了,但是地下根系还健康的话,可以重新发出枝芽来。

而我们现在农田的植物,也普遍是中下焦虚寒的,这和化肥的使用有着很大的关系。我们之前提过,高浓度的N、P、K等营养物质,像抗生素一样属于阴

---

① 中医把人体脏器组织分作上、中、下三部分,即三焦。上焦主指心肺,中焦主指脾胃,下焦包括肾脏、大小肠、膀胱等。

寒的东西,一下去就把土壤微生物给抑制,从此植物的脾胃虚弱,不得不更加依赖化肥。

我常常讲,给植物施化肥就相当于一个人靠打吊瓶来维持生命。一个靠打吊瓶维持生命的人,无论如何都不能称为健康的人。

一、肾为先天之本

下焦为先天之本,藏元气,植物的元气也是一样,取决于根系的发达程度,还有土壤矿物质的丰富程度。我觉得用先天之本来描述矿物质很形象,因为土壤的矿物质来自于土壤母岩,我们知道,地球表土由岩石风化而来,矿物质就蕴含在岩石里面,所以原始的土壤本身含的矿物质是丰富的,但是随着长期的耕作,这些矿物质被收获物带走,慢慢地土壤中的矿物质就开始缺乏。所以《新世纪农耕》和《揭开石器时代农耕的奥秘》这两本书,都很重视给土壤补充岩石粉。

深层根系和水分的吸收有关,在五行里面肾属水。另外,我们在食物里面吃的盐,量虽然很少,但是是入肾的。就像植物所需要的矿物质,虽然量很少,但是,是属于先天之本的。

值得一提的是硅元素,硅元素广泛存在于地球母岩当中,其含量占到地壳总重量的25.7%,之前一直没有得到重视,但是最近几十年的研究发现,硅在作物生长中起着重要的作用。最近几年硅肥开始作为一种重要的肥料开始被推广。研究发现,硅肥可以大大提高作物的抗病性。

注意到硅肥,是因为泽正田园的果园食心虫的问题,食心虫是让果农很头疼的问题。严重的时候虫果率可以达到80%~90%。虽然在泽正田园的试验证明性引诱剂对抑制食心虫有很好的效果。但是这似乎并不符合我们之前讲的病虫害的产生是由于作物养分失衡这个原则。但是一下子很难找到它和作物养分的关联。在过去的一段时间我一直在苦苦思索这种关联,在研究食心虫的习性的时候我发现食心虫是一种昼伏夜出的昆虫,说明它的性质属于阴。

另外被食心虫为害的果子是容易提前成熟的，这一条也符合阴的属性。

按照阴阳平衡的原则，阴性物质的增多是为了平衡多余的“阳”，那么这样可以推断果树的上焦有些“阳亢”了。中医上讲，上焦的阳亢和下焦虚弱封藏能力不够有关系。那么意味着果树的“下焦”有问题。下焦的问题往往和矿物质有关系。于是我从这方面开始入手查资料，发现硅肥对防治食心虫有效果，原理是硅肥提高果品表面的硬度，来阻止食心虫幼虫的进入。反推过来，果园的食心虫为害这么严重，也可以讲是可利用的硅元素缺乏的缘故。硅肥能够提高作物的机械强度，符合中医讲的肾主骨的理论。中医认为人体骨骼的强壮程度，取决于肾的健康程度。反过来又支持了我们说矿质元素可以补植物之下焦的推论。

顺便提一句，《新世纪农耕》里面提倡给土地补充的岩石粉多来自于玄武岩和花岗岩，这两种岩石的成分也是以硅为主的。

二、脾胃乃后天之本

中医上常常说“脾胃乃后天之本”，中医判断一个人还能不能救，不看病的轻重，而是看两件事：第一个是病人还有没有神气，第二个是还能不能吃饭。这两个一个是看先天之本损耗程度，一个是看后天之本的损耗程度。

另外在中医的五行理论里面脾胃是属于土的，反过来我们现在又把农业里面的土比作人的脾胃。这是非常有意思的事，因为中医就是研究人体和大自然规律的学问，而生态农业是研究农业和大自然之间的规律的学问，两者之间当然是可以互相论证的。

耕作层土壤的有机质丰富程度，还有微生物活跃程度，决定了植物对营养物质的运化能力，相当于人体中焦的脾胃系统。我们说脾胃乃后天之本，气血生化之源，也就是说人体需要的营养物质，基本都是通过脾胃的消化吸收，再分配给各个器官的，其重要性可见一斑。“金元四大家”的李东垣甚至根据这个发展出一个“补土派”，也就是说几乎所有的病都可以从脾胃入手，脾胃好了，身体也就好了。这和我们今天动不动就谈土壤有机质类似，几乎大部分的病虫害问题,只要土壤有机质提高了,都可以得到解决。

比如,池田秀夫在山东的研究发现,原本是蔬菜主产区的寿光,因为长期使用化肥,土壤板结严重,导致根结线虫严重泛滥,很多大棚因此而废弃了。但是其实只要改变思路,通过使用树皮堆肥来改良土壤,土壤有机质得到迅速补充,土壤生物相变得丰富,番茄根结线虫就会得到很好的治疗。

再比如番茄的青枯病,是番茄种植的难题,表面上看是一种细菌病害,但是根本问题却是土壤有机质缺乏导致土壤微生物相不健康。通过增加土壤有机质,问题自然就解决了。

一个现实的例子就是银林生态农场,前几年种植番茄怎么都不成功,后来施用了大量用中药渣做的堆肥,番茄终于获得了丰收。

三、题外话:不同区域的三焦能量强弱不同

从不同的地域来看,南方能量偏开,所以植物的能量多集中在上焦,下焦和中焦比较薄弱,南方的热带雨林,表面上看非常茂盛,但是砍伐完之后,地下只有薄薄的一层有机质,很容易就会被消耗殆尽。南方雨水较多,植物的根系也没有向下努力生长,以便吸收到更多水分的必要,所以植物的根系也比较弱。

北方的能量偏收藏,所以植物的能量多集中在中下焦,比如东北的森林下面有一层厚厚的黑土。北方雨水少,植物只有努力向下扎根才能吸收更多的水分。所以北方植物根系也更为发达。同样,番薯、土豆、胡萝卜、山药等这些生长在土中的作物,南方的品质往往不如北方。

（七）果树修剪，有为和无为

大道废，有仁义。智慧出，有大伪……

——《道德经》

拿着修枝剪站到苹果树旁，我有点儿发蒙，给果树剪枝显然是一个高难度的技术活，我这个新手一下子不知道该如何上手。能不能用阴阳的理论来指导果树的修剪呢？我灵机一动，开始思考。

对于枝条来讲，什么是阴阳呢？

显然向上生长的，比较长的枝条为阳枝；向下生长的，比较低的枝条为阴枝；那么它们的作用分别是什么？

《黄帝内经》讲：阳化气，阴成形。

阳枝负责营养生长，吸收太阳能。阴枝负责生殖生长，开花、结果。

同样我们观察到往往有些树生病，树势衰弱之后，反而开花比较多，为什么？

因为能量不足，所以阴枝比较多，花芽分化比较多。但是通常这些树的果实是长不大的。能量比较弱，树势弱的树，多阴枝，枝条上叶片之间的节间也比较短。能量比较足，树势旺的树，多阳枝，枝条上叶片之间的节间比较长。

小树多阳枝，因其为少阳之体，以营养生长（长身体）为主，老树多阴枝，因其为太阴之体，以生殖生长（繁育后代）为主。

那么修剪的原则就很清楚了：尽可能做到阳枝和阴枝的平衡。但是小树应多留阳枝，促进其营养生长，让其尽快长大。壮年期的结果树，多留阴枝，促进其花芽分化，结果。

但是同时我也发现,当一开始剪枝的时候,就开始步入了有为法。也就是说用人为的意志对抗大自然的规律。比如我们希望一棵树早结果,或者希望矮化栽培,剪去阳枝,留下阴枝,但是我们虽然剪去了枝条,但是能量还在,它总要找到出口,所以在剪口的地方,会不断地重新发芽。于是就开始了发芽、剪枝、再发芽、再剪枝的不断的循环当中。

以泽正田园的葡萄为例,为了促进生殖生长,一个枝条在叶片长到4~5片时就掐头。但是根部的能量却促使腋芽不断萌发,几乎每三四天,就要重新掰一次腋芽,真是越管越多。

有了最初的第一剪,就会有后面的无数剪。然后有了什么是最好的树形、什么是最好的修剪方法的争论……都是离无为法的大道越来越远的缘故,才会有这样的结果。所以老子说:大道废,有仁义。智慧出,有大伪……

大自然的树木不需要人管理,总是能够生长出适合自己的树形。

在泽正田园,杏树和沙果树,因为价值不大,所以都几乎处于无人管理的状态。但是几乎每棵树都果实累累。

我观察到,这些按照自然状态生长的果树,几乎都是先向上生长,然后长出高高的阳枝,最后阳极而阴生,在这些长长的向上的枝条上,分化出短果枝来。如果是人为管理的果树,这些高高的枝条会早早作为"徒长枝"被剪掉。

记得去栖霞参观李立君的苹果园的时候,看到李立君的果园的剪枝方法比较特别,就是多留阳枝,少留阴枝。立君老师认为品质好的果子应该是生长在这些能量比较足的枝条上的。虽然这些枝条看起来是徒长枝,但是它们之间相互竞争之后,会慢慢衰弱,分化出花芽来。立君老师从小在苹果园长大,这些经验基于对果树的长期观察,所以他总结出的修剪方法,是比较符合自然规律的。

真正的按照自然规律生长的果树是让树强壮地生长到阳极而阴生,而不是人为地制造出弱的阴枝来。

值得一提的是,自然生长的果树寿命都比较长,而干涉越严重的,寿命越短。比如苹果树的自然寿命可以达到50年以上,而人工乔化栽培的,顶多只有30年，矮化栽培的只有20年。这符合大自然的规律，“童年期”越长的动植物寿命越长，“童年期”越短的动植物寿命越短。

这类似于人的成长，中医也认为人的儿童时期为“纯阳之体”，以生长发育为主，直到女子14岁，男子16岁，才会阳极而阴生，产生卵子和精子。发育过早会被认为是“早熟”。

早熟其实是能量衰弱的标志。过早开花，未必能够结出丰硕的果实。

同样，我们应该给树一个愉快的童年，等待它按照大自然的规律慢慢长大。

最后补充一点对环剥的理解，常规的果园管理，常常将环剥作为一种促花促果的手段。园艺管理上通常将通过截留输送给根部的营养，来促使花芽分化，但是从本质上看，其实是削弱树势，使整体树势朝阴性方向发展，从而促使结果的一种方法，虽然看起来短时间增加了产量，但是环剥之后的果树，例如苹果，非常容易发生腐烂病。在有机种植里面，应该谨慎采用这种方法。

(八)没落的中医　没落的有机

正当我在“返乡从农”的光明大道上高歌猛进的时候,这突然而来的食心虫事件,给了我重重的一击。半个月前,我在割草的时候突然发现李子上有流胶的现象,打开一看是食心虫,再仔细检查,发现流胶的果子已经到了一半以上。当时我的内心几乎是崩溃的。

要知道食心虫一旦钻进果子,就再也没有防治的可能,当然常规农业里面有可能采用比较厉害的可以渗透到果子里面的“内吸性杀虫剂”杀虫。

仔细研究了一下,原来为害李子的是“李小食心虫”,之前的果园管理人员告诉我园子里比较严重的虫害是“梨小食心虫”,所以之前我只是在园子里挂了梨小食心虫的性外激素诱捕器。

我赶紧重新学习了一下食心虫的知识,发现除了梨小食心虫和李小食心虫,还有为害苹果的桃小食心虫,于是我赶紧采取补救措施,购买了李小食心虫和桃小食心虫的诱捕器来悬挂。不过还是晚了,因为这个时候已经错过了虫害暴发的高峰期,果真十天后,在苹果上发现的食心虫又让我崩溃了一次,苹果的为害率也接近了一半。

接下来的几天,我一直不断查阅资料,了解食心虫的防治知识,发现食心虫真的是果树管理的难题呀,各种研究论文里提到,连化学农药的防治率也只有80%多,我一下子理解了,为什么那么多做生态水果的农友一定要套袋。但是我们种植的安果梨非常小,只有80克左右一个,每棵树几乎有上千个,套袋实在是太难了。

于是我采访了两个之前有过不套袋经验的农友:

哇,是的,虫果率真的是非常高,每年的损失都在一半以上。

甚至一个农友表示它们的李子虫果率是100%。

那一刻我才真正理解了从事有机农业的返乡青年们的不易,面对这满目疮痍,他们的内心一定是和我一样的痛,但是他们却为了大地的生机和消费者的健康坚持了下来,我只有深深地向他们致敬。

曾经以为虽然没有多少实践经验,但是凭借我这么多年考察农场学习的经验和之前的理论基础,管理这片小小的果园完全没有问题,但是这次的教训重重地给了我一记耳光:在大自然面前,我们必须保持谦卑……

但是,另外一个问题来了,虽然我们没有挂"桃小"和"李小"的诱捕器,但是在5月份,我们打了防治生物农药短稳杆菌,为什么没有起到什么效果呢?

仔细研究了一下这个生物农药,我才发现,原来这个生物农药对食心虫的成虫和卵是没有什么效果的。能够起效果的只是食心虫的幼虫,但是食心虫的幼虫从孵化出来到钻进果子只有几分钟到三个小时的时间,能够防治的唯一时机是抓住产卵的高峰期,在孵化之前打一次生物农药,生物农药在果子表面残留的时间只有十天左右,在这十天内孵化出来的食心虫是钻不进去果子的。(后来我把这个防治的原理和短稳杆菌的发明人高小文老师做了确认,这个原理是正确的)但是这必须建立在对食心虫的习性和发生规律非常了解的基础上,加上每天观察非常仔细的情况下才能实现,这太难了。

也就是你只能静静地等着食心虫的成虫数量增长,等着它静静地在果子上产卵,等着大部分卵即将孵化成幼虫的那个时间喷药,然后你得祈祷所有果子的所有角度你都打过了,虫子才咬不进去,你得祈祷在药失效之前,虫子一定要孵化出来。然后那些幼虫咬上一口我们准备的细菌大餐,死掉……这中间只要有一个环节算错,都有可能遭受巨大的损失,我感觉这不是在做农业,这是在玩杂技,连想一想都觉得真是太刺激了……

那么有没有能够对食心虫成虫和卵起作用的生物农药呢,我对已知的生物农药研究了一遍,并且和厂家做了确认:没有。

那么化学农业的防治是怎么做的呢?我非常好奇地访问了附近一个据说

对食心虫防治率几乎达到了100%的果园。

“很简单,只有在花期和小果期,打两次高效氯氟氰菊酯就可以了。”

的确,根据我查的资料,高效氯氟氰菊酯被认为是防治食心虫的特效药,在稀释2000倍的情况下就可以对食心虫成虫和卵有杀灭作用。但是,那个时候桃小食心虫的成虫还没有出土,所以其实那个时候是打不死成虫的,那么为什么没有产生危害呢?

带着疑问我小心翼翼地问了使用的倍数。“这样一瓶打四喷雾器。”农户拿出瓶子给我看。

我一看不禁愕然,该农户使用的倍数是厂家规定剂量的十倍,因为我查阅的资料都显示喷2000倍的高效氯氟氰菊酯,在防治时机特别准确的情况下,防治率可以达到80%多。为什么农户没有把握防治时机,却可以做到100%防治呢?

答案就是:这十倍的剂量用下去,直到果子成熟,食心虫都不敢碰这个果子,因为残留量实在太高了。(园子旁边的沙果树证明了我的猜想,因为那个没有打农药的沙果树的虫果率几乎100%,说明园子里的食心虫很多,但是就是不去吃苹果。)

这其实是目前中国农业的普遍现状:农药超量使用。怪农户吗?不能全怪,因为农户去问卖农药的农资店的时候,对方一定推荐你超量使用。第一,因为这样效果好(实在是太好了,高校研究所解决不了的问题,超量使用十倍一下子全解决了)。第二,因为只有这样才能赚钱,如果按照规定剂量,一喷雾器的使用成本才几毛钱。即便是十倍使用才几块钱。如果不推荐你超量使用,农资店赚什么钱?

所以那些总是打着“抛开剂量谈安全都是伪命题”来维护化学农药的人,可以休矣。因为指望普通农户按照规定剂量来使用化学农药根本就是伪命题。

但是,这是否意味着化学农业真的很有优势呢?我仍然不这么认为,因为超剂量使用化学农药的危害在这个果园已经凸显,因为这个果园的果树树势普遍比较弱，腐烂病严重，初步推断是大量化学农药在土壤沉积，导致土壤微生物群系不健康造成的。

但是另一方面，按照现在的技术情况，有机农业的成本真的是非常高呀，就拿食心虫来讲，你投入别人近几十倍的防治成本，效果也不如化学农业好。

是有机农业本身有问题吗？不是，我们坚信有机农业是顺应大自然规律的生产方式，应该是优于化学农业的，问题在于我们目前的从业者对大自然规律的认识其实非常不足。

这和目前中医的情况比较类似。十几年前我根据自己的求医经历，也认为中医只能治慢病，只能调理一下身体，效果慢，成本高……直到十年前，我在学习《伤寒论》的桂枝汤的时候，恰好一个同事风寒感冒，我开了八毛钱一服的桂枝汤，结果同事喝了半剂而愈，当时我就震惊了。半服喝下去，睡了一觉就好了，这效果不知道比西医好了多少倍，这速度不知道比西医快了多少倍……

十年后，我才终于了解到，为什么医圣张仲景可以开出这么厉害的方子，原因就是这些方子建立在对身体的运行规律和这些药物的药性非常了解的基础上。所以，可以用这些药准确对身体失衡的能量进行调控，达到非常快速的治疗效果。经方家常常形容经方的效果：效如桴鼓，一剂知、二剂已，诚非虚语。那么为什么古人可以对身体和药性的理解这么透彻呢？因为古代的大医，几乎都懂得打坐修行，通过内证来了解经络和气脉的运行。这其实是中医最重要的基础，到今天已经几乎没有了。

再看一下有机农业，自然农法的创始人福冈正信在《一根稻草的革命》里面曾经骄傲地宣称：自然农法的粮食和水果应该比化学农业要便宜，因为我付出的劳动时间和成本都比化学农业要低。为什么福冈先生可以这样，答案也很简单：福冈先生的实践都是建立在对大自然运行规律非常了解的基础上的，只有这样对土壤和病虫害的管理才能做到四两拨千斤。

这才是真正用中医的思维在做有机农业，而不是像今天我们研究如何用植物提取农药来杀虫，研究用中草药提取物来杀菌，其实都是在用化学农业的思维来做有机，用西医的思维来做中医，效果当然非常差。

那么为什么福冈先生能够对大自然如此了解呢,其实福冈先生有过开悟的经历,然后经过四十年的实践才达到这样的水平的。

反过来讲,从事化学农业和从事西医其实相对于中医和有机农业而言,要简单很多:十倍的农药一打,不需要对大自然的规律有任何了解。记得我在读大学时,大学门口有个诊所,诊所的大夫只要看到有病人来,就让护士准备吊瓶,有一次我一个室友急了问:你怎么不问什么病,就准备吊瓶。大夫回答:管你什么病,都得打吊瓶……

但是你要想成为一个合格的有机从业者,先观察三年自然再说,想成为一个优秀的中医,先打坐十年再说。到了今天这个浮躁的社会,还有几个人有这样的耐心?

所以,今天我们不行,其实不是自然农法不行,不是中医不行,而是我们这些从业者不争气,给老祖宗丢了脸。

孔子说,人能弘道、非道弘人,我辈当自强。对张仲景和福冈先生这样的前辈我们只能:高山仰止,景行行止。虽不能至,然心向往之。

愿与各位从事生态农业的同人共勉。

(九)现代农业得了什么病?

一、繁荣的背后是生病的地球

自工业革命以来,地球的生态环境日益恶化,环保人士一直在呼吁:我们的地球生病了。

然而我们的地球得了什么病?西医并没有给出真正的判断:气候暖化、酸雨、雾霾等这些都是表象。

如果让中医给地球把一下脉,地球得的是什么病呢?答案是:戴阳症。

人之戴阳,常常是面红颧赤,粗看上去非常健康的样子,却不知其实是阳格于外、阴盛于内。其本质原因是命门火衰、虚阳上浮。

为什么我们说地球是戴阳之症呢?

我们知道我们的现代文明几乎都建立在化石能源的基础上。这些化石能源是埋藏于地下的古老阳光。无论是煤还是石油,其色都是黑色的,对应人体的肾,也就是说这些能源其实相当于人体的元阳。

元阳是什么?对于人来讲,是先天带来的能量,决定人的健康程度和寿命长短,随着年龄的增大而消耗,几乎无法得到补充。

二、这用化石能源营造出的万家灯火,导致了阳虚的身体

因为有了电,我们可以不再按照大自然的规律,日出而作,日落而息。

因为有了电,我们可以夏天空调、冬天暖气,不用按照大自然的四季来生长化收藏。

因为有了电,我们可以夏天尽情吃冷饮,因为有了电,我们可以不用再劳作。

枯藤老树昏鸦,Wi-Fi空调西瓜,葛优同款沙发……这就是现代人渴望的生活,于是无数阳虚的病人产生了。

中医认为现代人十人九寒,大部分是阳虚体质,原因很简单:晚上睡觉晚、吃冷饮、吹空调、不运动……这些都会减损人体阳气。

当然还有一个原因就是我们吃下去的食物也都是缺少阳气的。

三、吃什么,你就是什么?

现代化学农业的支柱——化肥,同样是来自于石油能源的化工产品。生产氮肥的原料,主要就是天然气和石油。

现代农业主要的疾病就是过量使用化肥等属于阴中之阴的营养物质,从而导致土壤有机质降低,土壤微生物减少,土壤板结,对化肥吸收率逐渐下降,等等。

这种现象我们可以称之为"阴实而阳虚"。

因过度使用化肥而板结的土壤,无法再滋养人的生命力。同样我们可以推理出,这些"阴实而阳虚"的土壤生产出的食物也只能是"阴实而阳虚"的,简单来讲就是能量下降,只具备原来的形,而没有原来的味道。也就是我们常常感慨的菜无菜味、果无果味、肉无肉味。

虽然这些食物从营养指标上来检测,可能和有机的差不多,但是从能量的角度来看,却相差甚远。

再举个例子,现在的很多水果只有甜味而没有香味。连评判水果好坏的指标,都只剩下糖度了,中医讲气厚者为阳、味厚者为阴。这也是水果的"阳气"不足的标志。

这些阴实阳虚的食物,吃下去不再能够真正滋养我们的生命力。换句话来说就是营养物质摄入过盛,而运化能力不足,精力不够。现代人多肥胖、三高、癌症等,其实都是典型的"阴实而阳虚"的疾病。

四、道之衰乃因人之末

工业文明、西医、化学农业皆源自西方的物质主义。

相对有形物质来讲，无形精神是阳，阳统阴是大自然的规律。所以物质世界是人类精神世界的呈现，我们说阳虚的地球也好，阳虚的农业也好，阳虚的身体也好，其实都源自人类“意识的阳虚”。

这种意识的阳虚体现在：我们越来越追求物质的繁荣，而不是精神的丰足，西方的物质主义大行其道，认为只有物质的丰足才能带来精神的幸福，而实质上到最后人却成了物质的奴隶。这个世界变成了唯GDP至上，到处都是“不发展就衰退”的恐慌。

这种意识的阳虚体现在：我们越来越只是看到事物的表象而不是实质，所谓“看脸的时代”就是这个样子，连蔬果都难逃此命运，长得丑的有机蔬果无人问津。

所以，一个人无论多么有钱，但是如果没有意识层面的改变，是吃不到真正健康的食物的。所以我常常劝有机农业的从业者，切勿用力过猛，不要说食品安全问题有多严重，等待我们去拯救，不要说有多少高收入人群能够消费得起有机，就有多大的有机市场。

佛经所称“末法时代”，末法其实是“人末”了，但“法”是自然的大道，是亘古不变的。所谓“道之衰皆因人之末”就是这个意思。

(十)要想了解自然,只有成为自然

在最近学习中医的日子里,我常常想起我的奶奶。在我小的时候,中医在我们当地已经没落。

然而现在想来,我的奶奶却是懂得中医的,在她那里有许多治病的小方法,完全是中医思维的,比如冬天的雪水收集起来,到了夏天可以治痱子,再比如霜打的桐叶可以治咳嗽……自小就开始受“科学”教育的我很是不解。甚至有想过写信问问科学家们冬天的雪水成分到底和夏天的雨水有什么不同,为什么可以治痱子。现在想来科学家是无法解答这些问题的,但是在我学习中医之后,这些问题慢慢地一个个解开:冬天的雪水,里面蕴含着“冬”的信息,所以可以治疗因为“暑气”引起的痱子,霜打的梧桐叶蕴含的是秋的收敛之气,所以可以治疗咳嗽……所以说,道,百姓日用而不自知,奶奶可以算作我的第一个中医启蒙老师。

然而在我成长的年代,正是西方科学兴起,而传统文化慢慢没落的年代,奶奶的这些从大自然得来的知识,最终没有抵得过西医。我从小生病,几乎都是在西医诊所吃药、打针、打点滴治疗的。越治身体越差,直到有一天西医承认了他们的失败,因为抗生素用得太多产生耐药性的缘故,认为在我的身上已经无药可用了。于是,我才走上学习中医以自救的道路,也是中医“天人合一”的精神带领我走上有机农业的道路。

于是最近十几年,我开始努力向奶奶走过的道路去回归,或者说向着自然回归。

2017 年我终于放下所有的工作,来到位于辽西的泽正田园,过上了一直渴望的生活:白天在田野里劳作,早晚禅修,偶尔下雨的日子读读中医,思考中医和有机农业的关系,于是有了这些文字。

相对于真正的自然大道来言,这些都只是"管中窥豹"所见到的一斑。古人说要想了解豹子,你只有成为豹子。同样要想真正了解自然,你必须成为自然。

现代科学常常把人放在观察者的角度,去观察自然、思考自然,其实我们是不可能通过头脑去了解自然的。因为人本来是自然的造物,一个被造的东西是不可能理解造物主的,这是一个永恒的悖论:如果自然简单到可以被我们的头脑所理解的话,那么同样会因为它太简单而造不出这么复杂的、可以理解自然的头脑。如果自然复杂到可以制造出理解自然的头脑,那么我们的头脑会因为自然实在太复杂而同样无法理解。

但是要成为自然却是可能的,因为人本来就是自然的一部分,只是我们后天的智识硬生生地把我们和自然分开了。

中医讲的经络知识,本身就是来自于古代的修行者,通过静坐内视而得到的。

我的恩师经常讲:修自知、宇宙明。每个人都是一个小宇宙,蕴含着宇宙所有的奥秘。

佛陀讲:芸芸众生皆具如来智慧德相,皆因妄想分别执着不能证得。

这个"如来智慧德相"即自然。当我们在深深的禅定中摒弃了所有的妄想分别执着,我们就是理解心经所讲的色不异空、空不异色、色即是空、空即是色的道理。我们会发现主体和客体在深深的禅定中合而为一,也就是说观察的人和被观察的自然合一了。

那就是心经讲的"照见",那个时候我们才能够真正懂得了解自然、回归自然的含义。

我们才理解大自然对我们的爱,不管我们如何的造作,它从来没有放弃我们。

之前在谈到病虫害的时候我曾经提到:当我们的生活不符合大自然规律的时候,我们就会生病。这件事是符合大自然规律的。所有人的疾病、植物的疾病,都是大自然对我们的提醒,只是我们一直听不见,所以它只好以更大的声音提醒我们,只是我们把这种提醒称为自然灾害。

如果用一首诗来描述大自然对我们的爱,没有什么比仓央嘉措的这首《见与不见》更为贴切:

你见,或者不见我
我就在那里
不悲不喜

你念,或者不念我
情就在那里
不来不去

你爱或者不爱我
爱就在那里
不增不减

你跟,或者不跟我
我的手就在你的手里
不舍不弃

来我怀里
或者
让我住进你的心里
默然相爱
寂静喜欢

愿所有的生命都早日走向回归自然的大道……

纸上得来终觉浅，绝知此事要躬行

彭月丽

泽正田园，位于北纬42度，内蒙古赤峰边缘。当地气温最低可以达到零下三十多摄氏度，春天只刮一场风，一直刮到夏天，被大家称为黑风岭。夏天昼夜温差大，有“早穿棉袄午穿纱”的感觉，然而就是在这样的环境里，成就了风味独特的安果梨。这和人的成长环境何其相似，在逆境里更能爆发出强大的精神力量。

郝老师放弃之前在广州优裕的生活，就是在这样的环境里，每天躬耕于田园，观察四季的变化、生物的生长规律，针对种植过程中存在的问题，查找人类知识积累的精华，以“刨根问底”的恒心与毅力不断地去实验、探索、体悟，逐渐地体证到一些自然的规律，并应用到果园的种植管理上，形成一些可以改善当地果园状况的适用性技术。

郝老师无私地把这个摸索体悟的整个过程分享出来，希望大家以此为启发去探索适合自己的本土化的生态农业技术体系，切勿“买椟还珠”，只重视其中提到的具体技术，而忽略其中解决问题的思路。一来是因为本文中提到的具体技术参数仅为作者在当地条件下实验的结果，各地气候环境、土壤背景、作物生长状况等都不同，具体参数要根据自己的情况做实验确定；二来，在“术”的层面下功夫，问题会层出不穷，永无休止。我们要像文中不断强调的那样，仔细观察，回到“道”的源头去寻找智慧，这个才是“活水”之源。让自己也具备这样的观察力、洞察力、应用力与实践能力,那么任何问题也都不再是障碍。

“纸上得来终觉浅,绝知此事要躬行。”

祝福大家!

鸣谢

感谢本书所有作者的公益支持，感谢各位农友分享各自的实践经验与总结。感谢编写过程中潘家恩老师给予的指导和提议。

特别感谢社区伙伴基金会，本书农夫案例部分文章采编是在社区伙伴基金会的支持下完成的。